新型功能材料的
制备及应用

尤俊华　著

中国水利水电出版社
www.waterpub.com.cn
·北京·

内 容 提 要

本书以功能材料为主线,全面系统地介绍了新型功能材料的制备及应用,全书共分7章,主要内容有绪论、磁性材料制备工艺、非晶态材料制备工艺、纳米材料制备工艺、陶瓷材料制备工艺、功能复合材料制备工艺、功能高分子材料制备工艺。本书的撰写目的是向读者介绍功能材料的基本原理和制备方法,使读者能熟练处理功能材料制备和使用过程中遇到的各种问题,开拓思路,提高分析问题和解决问题的能力。

图书在版编目(CIP)数据

新型功能材料的制备及应用 / 尤俊华著. -- 北京 :
中国水利水电出版社, 2016.9(2022.9重印)
 ISBN 978-7-5170-4652-3

Ⅰ.①新… Ⅱ.①尤… Ⅲ.①功能材料—制备②功能
材料—应用 Ⅳ.①TB34

中国版本图书馆CIP数据核字(2016)第204249号

责任编辑:杨庆川 陈 洁   封面设计:马静静

书 名	新型功能材料的制备及应用 XINXING GONGNENG CAILIAO DE ZHIBEI JI YINGYONG
作 者	尤俊华 著
出版发行	中国水利水电出版社
	(北京市海淀区玉渊潭南路1号D座 100038)
	网址:www. waterpub. com. cn
	E-mail:mchannel@263. net(万水)
	sales@ mwr. gov. cn
	电话:(010)68545888(营销中心)、82562819(万水)
经 售	全国各地新华书店和相关出版物销售网点
排 版	北京鑫海胜蓝数码科技有限公司
印 刷	天津光之彩印刷有限公司
规 格	170mm×240mm 16 开本 15 印张 194 千字
版 次	2016年9月第1版 2022年9月第2次印刷
印 数	1501—2500册
定 价	45.00 元

前　言

　　材料是人类文明进步的标志,人类经历了以石器、青铜器、铁器为代表的石器时代、青铜器时代、铁器时代,即将跨入以新型功能材料为代表的网络时代和信息时代。材料按其性能特征和用途可分为两大类:结构材料和功能材料。功能材料是指具有优良的物理(电、磁、光、热、声)、化学、生物功能及其相互转化的功能,被用于非结构目的的高技术材料。随着科学技术尤其是信息、能源和生物等现代高技术的快速发展,功能材料越来越显示出它的重要性,并逐渐成为材料学科中最活跃的前沿学科之一。近年来,功能材料迅速发展,已有几十大类,10万多品种,且每年都有大量新品种问世。有关新材料特别是新功能材料的书籍也不断涌现,进一步丰富和拓宽了材料科学与工程学科的内容。

　　人们在研究结构材料取得重大进展的同时,特别注重对新型功能材料的研究,研究出了一些机敏材料与智能材料。功能材料是能源、计算机、通信、电子、激光等现代科学的基础,近十年来,新型功能材料已成为材料科学和工程领域中最为活跃的部分。当前,国际功能材料及其应用技术正面临新的突破,诸如超导材料、微电子材料、光子材料、信息材料、能源转换及储能材料、生态环境材料、生物医用材料及材料的分子设计和原子设计等正处于日新月异的发展之中,发展功能材料技术正在成为一些发达国家强化其经济与军事优势的重要手段。从网络技术的发展到新型生物技术的进步,处处都离不开新材料的进步,特别是新型功能材料的发展和进步。世界各国功能材料的研究极为活跃,充满了机遇和挑战,新技术、新专利层出不穷。功能材料不仅对高新技术的发展起着重要的推动和支撑作用,还对我国相关传统产业的改造和升级,实现跨越式发展起着重要的促进作用。

　　本书以功能材料为主线,全面系统地介绍了新型功能材料的制备及应用,全书共分 7 章,主要内容有绪论、磁性材料制备工艺、非晶态材料制备工艺、纳米材料制备工艺、陶瓷材料制备工艺、功能复合材料制备工艺、功能高分子材料制备工艺。本书的撰写目的是向读者介绍功能材料的基本原理和制备方法,使读者能熟练处理功能材料制备和使用过程中遇到的各种问题,开拓思路,提高分析问题和解决问题的能力。

　　本书在撰写的过程中参考了大量书籍和文献,但由于作者能力有限,文中难免出现疏漏之处,敬请广大读者批评指正。

作　者
2015 年 12 月

目　录

第1章 绪 论

功能材料是能源、计算机、通信、电子、激光等现代科学的基础,在社会发展中具有重大战略意义,正在渗透到现代社会生活的各个领域,成为材料科学领域中最具发展潜力的门类。

1.1 功能材料的概念

功能材料的研究所涉及的学科众多,范围广阔,除了与材料学相近的学科紧密相关外,涉及内容还包括有机化学、无机化学、光学、电学、结构化学、生物化学、电子学甚至医学等众多学科,是目前国内外异常活跃的一个研究领域。功能材料产品的产量小、产值高、制造工艺复杂。随着科学技术的进步,新型的材料结构不断被开发出来,图 1-1 所示是碳纳米管、富勒烯、石墨烯的结构和蒙脱土的有机插层改性示意图,这些材料一经出现,便在功能材料中得到广泛的应用,整个功能材料的研究领域和应用范围也随之获得了加速的发展。

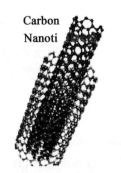

Carbon Nanoti

(a)碳纳米管的结构　　　　(b)富勒烯的结构

图 1-1　碳纳米管、富勒烯、石墨烯的结构和
蒙脱土的有机插层改性示意图

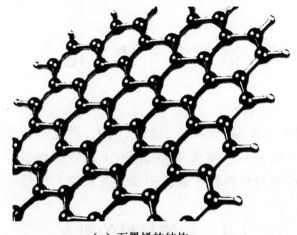

（c）石墨烯的结构

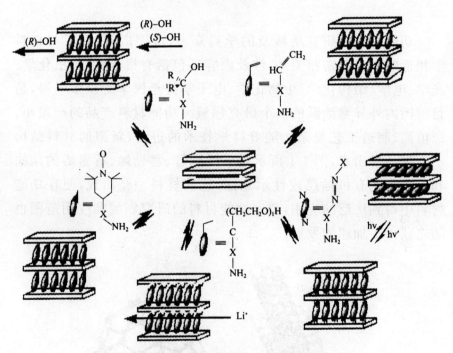

（d）蒙脱土的有机插层改性示意图

图 1-1　碳纳米管、富勒烯、石墨烯的结构和
蒙脱土的有机插层改性示意图（续）

　　功能材料涉及的学科纷繁复杂,随着功能材料研究的深入以及有关信息的丰富,我们可以掌握其内在的发展规律,摸清其自

身发展的进一步需要,在理论上将这一复杂的体系进行进一步的完善。本章将介绍功能材料的概念与分类,功能设计的原理和方法;介绍功能材料的性能与结构的一般关系,以及制备功能材料的总体策略和功能材料的研究方法等功能材料学科中的一般发展规律等。

功能材料的发展历史与结构材料一样悠久,随着人们在生产和生活方面对新型材料的需求,以及功能材料研究的深入发展,众多有着不同于传统材料的带有特殊物理化学性质和功能的新型功能材料大量涌现,其性能和特征都超出了原有常规的无机材料、金属材料以及高分子材料的范畴,使人们有必要对这些新型材料进行重新认识。而上述那些性质和功能很特殊的材料即属于功能材料的范畴。严格地讲,功能材料的定义并不准确。

功能材料是指那些具有优良的电学、磁学、光学、热学、声学、力学、化学、生物医学功能以及特殊的物理、化学、生物学效应,能完成功能相互转化,主要用来制造各种功能元器件而被广泛应用于各类高科技领域的高新技术材料的统称。它是在电、磁、声、光、热等方面具有特殊性质,或在其作用下表现出特殊功能的材料。

功能材料既遵循材料的一般特性和一般的变化规律,又具有其自身的特点,可认为是传统材料更高级的形式。功能材料独特的电学、光学以及其他物理化学性质构成功能材料学科研究的主要组成部分。功能材料的研究、开发与利用对现有材料进行更新换代和发展新型功能材料具有重要意义。功能材料研究的主要目标和内容是建立起功能材料的结构与功能之间的关系,以此为理论,指导开发功能更强或具有全新功能的功能材料。

特定的功能与材料的特定结构是相联系的,功能材料的性能与其化学组成、分子结构和宏观形态存在密切关系。例如,光敏高分子材料的光吸收和能量的转移性质也都与官能团的结构和聚合物骨架存在对应关系;高分子化学试剂的反应能力不仅与分子中的反应性官能团有关,而且与其相连接的高分子骨架相关;

高分子功能膜材料的性能不仅与材料微观组成和结构相关，而且与其宏观结构关系也很紧密。我们研究功能材料，就是要研究材料骨架、功能化基团以及分子组成和材料宏观结构形态及其与材料功能之间的关系，从而为充分利用现有功能材料和开发新型功能材料提供依据。这门学科始终将功能材料的特殊物理化学功能作为研究的中心任务，以开发具有特殊功能的新型功能材料为着眼点。

1.2 功能材料的分类及特点

1.2.1 功能材料的分类

功能材料种类繁多，目前主要是根据材料的物质性、功能性或应用性进行分类。

1. 基于材料的物质性的分类

按材料的化学键、化学成分分类，功能材料有：①无机非金属功能材料；②金属功能材料；③有机功能材料；④复合功能材料。有时按照化学成分、晶体结构、显微组织的不同还可以进一步细分小类和品种。例如，无机非金属材料可以分为玻璃、陶瓷和其他品种。金属材料可以分为电性材料、磁性材料、超导材料、膨胀材料和弹性材料等。

2. 基于材料的功能性的分类

按材料的物理性质、功能来分类。例如，按材料的主要使用性能大致可分为九大类：①电学功能材料；②磁学功能材料；③光学功能材料；④热学功能材料；⑤声学和振动相关功能材料；⑥力学功能材料；⑦化学功能材料及分离功能材料；⑧放射性相关功能材料;⑨生物技术和生物医学功能材料。

目前,对新型功能材料的称呼比较混乱,有按功能特性分类的,有按具体用途不同分类的,也有按应用范围分类或按习惯称呼的。表1-1具体介绍了主要的功能材料的特性与应用示例。

表 1-1　功能材料的特性与应用示例

种类	功能特性	应用示例
高分子催化剂与高分子固定酶	催化作用	化工、食品加工、制药、生物工程
高分子试剂絮凝剂	吸附作用	稀有金属提取、水处理、海水提铀
储氢材料	吸附作用	化工、能源
高吸水树脂	吸附作用	化工、农业、纸制品
人工器官材料	替代修补	人体脏器
骨科、齿科材料	替代修补	人体骨骼
药物高分子	药理作用	药物
降解性缝合材料	化学降解	非永久性外科材料
医用黏合剂	物理与化学作用	外科和修补材料
液晶材料	偏光效应	显示、连接器
光盘的基板材料	光学原理	高密度记录和信息储存
感光树脂光刻胶	光化学反应	大规模集成电路的精细加工、印刷
荧光材料	光化学作用	情报处理,荧光染料
光降解材料	光化学作用	减少化学污染
光能转换材料	光电、光化学	太阳能电池
分离膜与交换膜	传质作用	化工、制药、环保、冶金
光电导高分子	光电效应	电子照相、光电池、传感器
压电高分子	力电效应	开关材料、仪器仪表测量材料、机器人触感材料
热电高分子	热电效应	显示、测量
声电高分子	声电效应	音响设备、仪器
磁性高分子	导磁作用	塑料磁石、磁性橡胶、仪器仪表的磁性元器件、中子吸收、微型电机、步进电机、传感器

续表

种类	功能特性	应用示例
磁性记录材料	磁性转换	磁带、磁盘
电致变色材料	光电效应	显示、记录
光纤材料	光的曲线传播	通信、显示、医疗器械
导电高分子材料	导电性	电极电池、防静电材料、屏蔽材料
超导材料	导电性	核磁共振成像技术、反应堆超导发电机
高分子半导体	导电性	电子技术与电子器件

3. 基于材料应用性的分类

按功能材料应用的技术领域进行分类,主要可分为信息材料、电子材料、电工材料、电讯材料、计算机材料、传感材料、仪器仪表材料、能源材料、航空航天材料、生物医用材料等。根据应用领域的层次和效能还可以进一步细分。例如,信息材料可分为:信息检测和传感(获取)材料、信息传输材料、信息存储材料、信息运算和处理材料等。

1.2.2 功能材料的特点

从1.2.1的分类可以看出,功能材料的种类繁多,而每种功能材料都有其独特的特点,不宜一概而论。下面以最常见、应用最广的功能高分子材料为例,介绍一下功能材料的特点。

功能高分子材料具有的基本特点是具有与常规聚合物明显不同的物理化学性能,并具有某些特殊功能。对外力抵抗的宏观性能表现为强度、模量等;对热抵抗的宏观性能表现为耐热性;对光、电、磁及化学药品抵抗的宏观性能表现为耐光性、绝缘性、抗磁性及防腐性等。具有这些特有性能之一的高分子是特种高分子,如耐热高分子、高强度高分子、绝缘件高分子。"功能"是指从外部向材料输入信号时,材料内部发生质和量的变化或其中任何一种变化而产生的输出特性。如材料受到外部光的输入,材料可以输出电能,称为光电功能,材料的压电、防震、热电、药物缓释、分离及吸附等均属于"功能"范畴。

功能高分子材料至少应具有下列功能之一。

①物理功能。主要指导电、热电、压电、焦电、电磁波透过吸收、热电子放射、超导、形状记忆、超塑性、低温韧性、磁化、透磁、电磁屏蔽、磁记录、光致变色、偏光性、光传导、光磁效应、光弹性、耐放射线、X 射线透过、X 射线吸收等。

②化学功能。主要指离子交换、催化、氧化还原、光聚合、光交联、光分解、降解、固体电解质、微生物分解等。

③介于化学和物理之间的功能。主要指吸附、膜分离、高吸水、表面活性等。

④生物或生理功能。主要指组织适应性、血液适应性、生物体内分解非抽出性、非吸附性等。

正是功能高分子材料这些独特的功能引起了人们的广泛重视,成为当前材料科学界研究的热点之一,通过精心的分子设计及材料设计的方法,通过合成加上制备、加工等手段所取得的,具有期望性能的材料能满足某些特殊需要,因而在材料科学领域占有越来越重要的地位。

1.3 功能材料的性能

1.3.1 半导体电性

根据能带理论,晶体中只有导带中的电子或价带顶部的空穴才能参与导电。由于半导体禁带宽度小于 2eV,在外界作用下(如热、光辐射),电子跃迁到导带,价带中留下空穴。这种导带中的电子导电和价带中的空穴导电同时存在的情况,称为本征电导。这类半导体称为本征半导体。

　　杂质对半导体的导电性能影响很大,杂质半导体分为 n 型半导体和 p 型半导体,掺入施主杂质的半导体称为 n 型半导体,如图 1-2(a)所示,其中 E_D 为施主能级。受主杂质的半导体称为 p 型半导体,如图 1-2(b)所示,E_A 为受主能级。

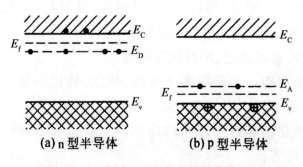

(a) n 型半导体　　　　　(b) p 型半导体

图 1-2　n 型与 p 型半导体能带结构

　　n 型、p 型半导体的电导率与施主、受主杂质浓度有关。低温时,杂质起主要作用;高温时,属于本征电导性。

1.3.2　超导性

　　1911 年荷兰物理学家昂尼斯发现汞的直流电阻在 4.2K 时突然消失,他认为汞进入以零电阻为特征的"超导态"。通常把电阻突然变为零的温度称为超导转变温度,或临界温度,用 T_c 表示。

　　所谓理想导体,其电导率 $\sigma = \infty$,由欧姆定律 $J = \sigma E$ 可知,其内部电场强度 E 必处处为零。由麦克斯韦方程 $\nabla \times E = -\partial B/\partial t$ 可知,当 $E = 0$,则 $\partial B/\partial t = 0$,表明超导体内 B 由初始条件确定,$B = B_0$。但实验结果表明,不论实验条件如何,只要进入超导态(S 态),超导体就把全部磁通排出体外,与初始条件无关,如图 1-3 所示。

　　1950 年美国科学家麦克斯韦和雷诺兹分别独立发现汞的几种同位素临界温度各不相同,T_c 满足关系式:$T_c \propto 1/M^\alpha (\alpha = 1/2)$。

这种同位素相对原子质量越小，T_c 越高的现象称为同位素效应。汞同位素的临界温度见表 1-2。

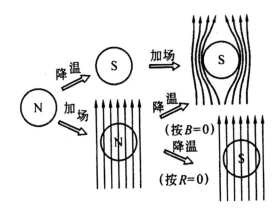

图 1-3 迈斯纳效应与理想导体情况比较

表 1-2 汞同位素的临界温度

相对原子质量 M	198	199.7	200.6	200.7	202.4	203.4
T_c/K	4.177	4.161	4.156	4.150	4.143	4.126

1.3.3 磁性

磁性是功能材料的一个重要性质，有些金属材料在外磁场作用下产生很强的磁化强度，外磁场除去后仍能保持相当大的永久磁性，这种特性叫铁磁性。铁、钴、镍和某些稀土金属都具有铁磁性。铁磁性材料的磁化率可高达 10^6。铁磁性材料所能达到的最大磁化强度称为饱和磁化强度，用 M_S 表示。

抗磁性是一种很弱、非永久性的磁性，只有在外磁场存在时才能维持，磁矩方向与外磁场相反，磁化率大约为 -10^{-5}。如果磁矩的方向与外磁场方向相同，则为顺磁性，磁导率约为 $10^{-5} \sim 10^{-2}$。这两类材料都被看作是无磁性的。

亚铁磁性是某些陶瓷材料表现的永久磁性，其饱和磁化强度比铁磁性材料低。

任何铁磁体和亚铁磁体,在温度低于居里温度 T_c 时,都是由磁畴组成,磁畴是磁矩方向相同的小区域,相邻磁畴之间的界叫畴壁。磁畴壁是一个有一定厚度的过渡层,在过渡层中磁矩方向逐渐改变。铁磁体和亚铁磁体在外磁场作用下磁化时,B 随 H 的变化如图 1-4 所示。

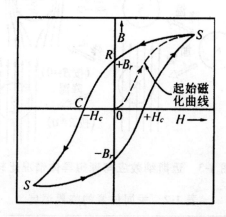

图 1-4 铁磁体和亚铁磁体的磁化曲线,退磁曲线和磁滞回线

1.3.4 光学性质

人们关于原子和分子的大部分认识是以光谱研究为依据,从电磁辐射和材料的相互作用产生的吸收光谱和发射光谱中,可以得到材料与其周围环境相互作用的信息。

激光光谱是指使物质产生发光时的激励光按频率分布的总体。通过激光光谱的测定可以确定有效吸收带的位置,即吸收光谱中哪些吸收带对产生某个荧光光谱带是有贡献的。

吸收光谱是指物质在光谱范围里的吸收系数按光频率分布的总体。一束光在通过物质之后有一部分能量被物质吸收,因此光强会减弱。发光物质的类型不同,吸收光谱也就随之不同。吸收光谱可直接表征发光中心与它的组成、结构的关系以及环境对它的影响,对发光材料的研究具有重要的作用。

功能材料的性质还包括力学性质和热学性质,不同的材料具有不同的性质,这里就不再一一叙述。

参考文献

[1]温树林.现代功能材料导论[M].北京:科学出版社,2009.

[2]殷景华.功能材料概论[M].哈尔滨:哈尔滨工业大学出版社,2010.

[3]钱苗根.材料科学及其新技术[M].北京:机械工业出版社,2003.

[4]刘小凤,曹晓燕.纳米二氧化钛的制备与应用[J].上海涂料,2007(7):1009－1696.

[5]时东陆,周午纵,梁维耀.高温超导应用研究[M].上海:上海科学技术出版社,2008.

[6]彭刚,孙非,高明珠等.软质防弹复合材料抗弹性能试验研究[J].警察技术,2011(2):4－7.

[7]岳升彩.新型纺织材料在军事上的应用——软质防弹衣[J].山东纺织经济,2007(6):78－80.

[8]陈文,吴建青,许启明.材料物理性能[J].武汉:武汉理工大学出版社,2010:149－151.

[9]王喜明,王暄,温玉萍.聚乙烯咔唑(PVK)的光电导效应[J].哈尔滨理工大学学报,2007(12):50－54.

[10]官伯然.超导电子技术及其应用[M].北京:科学出版社,2009.

[11]张裕恒.超导物理[M].3 版.合肥:中国科学技术大学出版社,2009.

第 2 章　磁性材料制备工艺

磁性材料是应用广泛、品类繁多、与时俱进的一类功能材料，人们对物质磁性的认识源远流长。从 20 世纪后期至今，磁性材料进入了前所未有的兴旺发达时期，并融入信息行业，成为信息时代重要的基础性材料之一。

2.1　磁性材料概述

2.1.1　磁性材料的基本性质

1. 磁畴和畴壁

所谓磁畴，是指铁磁体材料在自发磁化的过程中为降低静磁能而产生分化的、方向各异的小型磁化区域，每个区域内部包含大量原子，这些原子的磁矩都像一个个小磁铁那样整齐排列，但相邻的不同区域之间原子磁矩排列的方向不同。各个磁畴之间的交界面称为磁畴壁。图 2-1 为(001)面 Fe 的磁畴显微图像。

在磁化方向不同的两个相邻畴的交界处，存在一个原子磁矩方向逐渐转变的过渡层，这个过渡层称为布洛赫(Bloch)磁畴壁，过渡层的厚度称为畴壁厚度。当畴壁两侧的原子磁矩的旋转平面与畴壁平面平行，两个磁畴的磁化方向相差 $180°$，这种畴壁称为 $180°$ 布洛赫壁，如图 2-2(a)所示。对于厚度相当于一个磁畴尺度的薄膜材料，在膜厚方向只有一个磁畴，其磁化方向平行于膜的表面,畴壁将在薄膜的两个表面形成自由磁极和在膜内形成很大的退磁能,此时的畴壁称为奈耳(Neel)壁,如图 2-2(b)所示。畴壁内原子磁矩的旋转平面平行于薄膜表面。

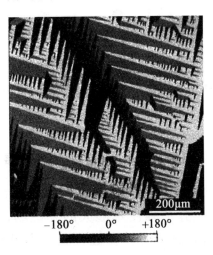

图 2-1　(001)面 Fe 的磁畴显微图像

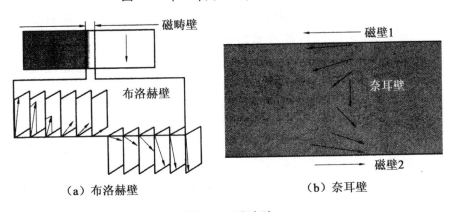

（a）布洛赫壁　　　　　　　　　（b）奈耳壁

图 2-2　磁畴壁

2. 磁各向异性

磁各向异性是指磁性材料在不同方向上具有不同的磁性能,可将它分为磁晶各向异性、形状各向异性、感生各向异性和应力各向异性等。单晶体的磁各向异性称为磁晶各向异性。以 Fe、Ni、Co 为例,它们的晶体结构分别为体心立方(bcc)、面心立方(fcc)和密排六方(hcp),它们的易磁化方向分别为[100]、

[111]和[0001]；难磁化方向分别为[111]、[100]和[1010]，如图 2-3 所示。

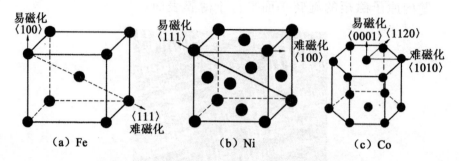

　　（a）Fe　　　　　　　（b）Ni　　　　　　　（c）Co

图 2-3　各种晶型磁性材料的易磁化和难磁化

　　通过磁场热处理,即在居里温度以上通过居里温度的冷却过程中,在某个方向上施加强度足够大的外磁场,可使作用于材料的外磁场方向成为易磁化方向。磁性材料因此而获得的各向异性称为感生单轴各向异性。通过磁场热处理,使材料获得感生单轴各向异性,是确保高磁导材料获得高磁导率,恒磁导材料获得恒定磁导率,矩磁材料获得高矩磁比和永磁材料获得高磁能积的重要手段。磁场热处理通常只适用于居里温度较高,且此温度下离子和空穴仍保持一定扩散能力的材料。

3. 磁致伸缩

　　磁性材料在磁化过程中发生沿磁化方向伸长(或缩短),在垂直磁化方向上缩短(或伸长)的现象,称为磁致伸缩。它是一种可逆的弹性变形。材料磁致伸缩的相对大小用磁致伸缩系数 λ 表示。即

$$\lambda = \Delta l / l$$

式中,Δl,l 分别为沿磁场方向的绝对伸长与原长。

　　在发生缩短的情况下,Δl 为负值,因而 λ 也为负值。当磁场强度足够高,磁致伸缩趋于稳定时,磁致伸缩系数 λ 称为饱和磁致伸缩系数,用 λ_s 表示。对于 3d 金属及合金,λ_s 为 $10^{-5} \sim 10^{-6}$。

4. 磁化曲线及磁滞回线

处于热退磁状态下的各向同性多晶试样在单调缓慢上升的磁化场作用下,磁化强度 M 随外磁场 H 的增加而逐渐增加,表征磁化过程中磁化强度与磁场强度关系的曲线称为磁化曲线。

如图 2-4 所示,磁化曲线的变化分为 4 个阶段:①OA 为起始磁化阶段或可逆磁化阶段;②AB 为不可逆磁化阶段;③BC 为磁畴磁矩转动阶段;④CD 为趋近饱和阶段,它反映了试样磁化的 4 个过程。

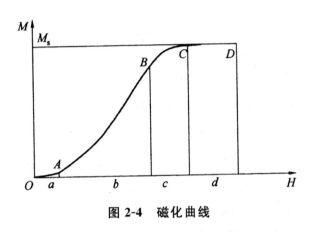

图 2-4 磁化曲线

如图 2-5 所示,若 H 由使试样饱和磁化的 H_s 值减少,则 M 将图 2-4 中不同于原始磁化曲线的另一条曲线下降,当 H 降至零时,试样仍保持一定的剩余磁化强度 M_r。当 H 在反方向增强到一定值 $-H_c$ 时,M 降至零。继续在反方向上将 H 增强到 $-H_s$,M 在反方向上达到绝对值与 M_s 相等的 $-M_s$。将 H 值由 $-H_s$ 重新升至 H_s,M 值也重新达到 M_s。如此循环磁化一周便得到图 2-5 中的磁滞回线。由 M_s 变化到 $-M_s$ 的磁化过程,称为反磁化过程,此过程所对应的 $M(B)$-H 曲线称为反磁化曲线。对于同一个试样,图 2-5 中的回线是对应于试样饱和磁化状态的饱和磁滞回线。如果在 $0 \sim H_s$ 范围内选取不同磁场强度对试样进行循环磁化,则得到类似于图 2-5 所示的一组磁滞回线。

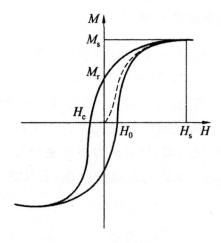

图 2-5　饱和磁滞回线

5. 温度对材料磁性的影响

对于顺磁性材料,顺磁性可分为 3 个主要类型。

(1)朗之万(Langevin)顺磁性

磁化率服从居里(Curie)定律,即磁化率 χ 与温度成反比,即 $\chi=C/T$,符合这样的磁性材料称为正常顺磁体。金属铂、钯、奥氏体不锈钢、稀土金属等属于此类。

(2)泡利(Pauli)顺磁性

磁化率在几百摄氏度范围内实际上与温度无关,服从居里-外斯(Curie-Weiss)定律,即磁化率 $\chi=C/(T-T_c)$,如锂、钠、钾、铷等金属。

(3)超顺磁性

在常态下为铁磁性的物质,当粒子尺寸极细小时,呈现朗之万顺磁性。图 2-6 为磁性材料磁化率与温度的关系曲线。

铁磁性材料磁矩的有序排列随着温度升高而被破坏,有序全部被破坏,整个系统变成顺磁性。磁体由铁磁性转为顺磁性的温度称为居里温度或称居里点,用 T_c 表示。T_c 是材料的 M-T 曲线上对 $M_s^2 \to 0$ 对应的温度,T_c 是磁性材料的重要参数。高 T_c 的材料具有高的温度稳定性,适合在更高的工作温度下使用。

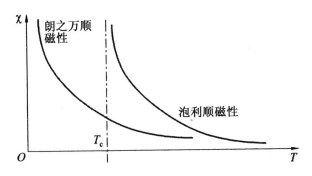

图 2-6　磁性材料磁化率与温度的关系曲线

2.1.2　磁性材料的分类

磁性材料通常根据矫顽力的大小进行分类,矫顽力小于 100A/m(1.25Oe)称为软磁材料;矫顽力介于 100～1000A/m(1.25～12.5Oe)称为半硬磁材料;矫顽力大于 1000A/m(12.5Oe)称为硬(永)磁材料,如图 2-7 所示。

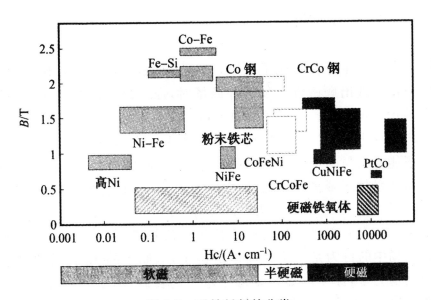

图 2-7　磁性材料的分类

2.2 磁性基础理论

2.2.1 逆磁性(或抗磁性)

逆磁性材料的磁化率 $\chi<0$,相对导磁系数 $\mu_r<1$,且与温度无关,$|\chi|$ 在 $10^{-6}\sim10^{-4}$ 之间。磁化强度 M 和磁场 H 方向相反。例如,惰性气体、不含过渡元素的离子晶体(如 NaCl 等)、不含过渡族元素的共价键化合物(CO_2)和所有的有机化合物、某些金属(如 Ti,Zn,Cu,Ag,Au,Hg,Pb 等)和某些非金属(Si,P,S 等)。逆磁性物质的原子或离子的电子壳层都是填满的,所以,它们的原子磁矩等于零或虽原子磁矩不为零,但由原子组成的分子的总磁矩为零。

2.2.2 顺磁性

若材料中存在有原子磁矩,且原子磁矩间没有相互作用,材料可以表现出顺磁性。没有外磁场时,原子磁矩随机取向,材料不显示宏观磁矩。在外磁场作用下,原子磁矩沿外场方向取向,材料表现出顺磁性。在磁场中原子能级发生 Zeeman 分裂,分裂的子能级是与磁矩在磁场中的取向相对应的。对于一个总角动量为 J 的原子或离子,在磁场中磁矩的 Zeeman 能级可以表示为

$$E=g\mu_B m_J \mu_0 H$$

式中,m_J 从 J 变到 $-J$,对应于磁矩在磁场中不同取向。氢原子在磁场中的行为是一个最简单的例子,氢原子的 1s 轨道的轨道角动量为零,原子的磁矩来源于电子的自旋,即 $J=S$。这时 m_J 可以取 $+1/2$ 和 $-1/2$,对应的能级为

$$E=\pm\frac{g\mu_B\mu_0 H}{2} \tag{2-1}$$

当体系的温度很低和磁场强度很大时，即 Zeeman 能级间的能级差 $\Delta E > kT$ 时，电子将按能量由低到高的顺序占据上述能级，m_J 将尽量取最大值使体系的能量降低，这时材料表现出较大的磁化强度，顺磁达到了饱和。但 Zeeman 能级分裂一般很小，当磁场强度不很大、温度也不是很低时，Zeeman 分裂能的数值往往与 kT 相当，电子在 Zeeman 能级中遵从 Boltzmann 分布

$$\exp\left(-\frac{\Delta E}{kT}\right) = \exp\left(-\frac{g\mu_B \Delta m_J \mu_0 H}{kT}\right) \tag{2-2}$$

我们可以估计一般条件下电子在 Zeeman 分裂能级中的分布。对于氢原子体系，m_J 取 $+1/2$ 和 $-1/2$，$\Delta m_J = 1$，设磁场取 $10^3 A/m$ 或 $\mu_0 H = 10^{-3} T$，这是用一般的线圈很容易得到的磁场，温度为室温，用上述公式可以计算出两能级占有率的差别仅为 0.1%，表明在通常的条件下，顺磁性物质表现出的磁化率是很小的，热振动使磁矩无序化。原则上讲，当温度足够低、磁场足够强时，顺磁体系中的原子磁矩可以完全沿磁场取向，即达到饱和。但在实验上，这么强的磁场在实际中是很难实现的。在未达到饱和时，顺磁性材料的磁化强度与外磁场成正比，比值是材料的磁化率。顺磁性材料的磁化率应服从 Curie 定律

$$\chi = \frac{M}{H} = \frac{C}{T} \tag{2-3}$$

实际上对很多材料来说，原子磁矩之间存在一定的相互作用，使磁化率偏离 Curie 定律，可以用 Curie-Weiss 定律表达

$$\chi = \frac{C}{T-\theta} \tag{2-4}$$

我们可以利用含有 Zeeman 分裂体系的能级分布直接得出 Curie 定律。根据经典电磁理论，材料的磁化强度 M 可以表示成

$$M = -\frac{\partial E}{\partial H} \tag{2-5}$$

根据 Boltzmann 分布，一个有 n 个 Zeeman 能级 $E_n (n=1,2,3,\cdots)$ 体系的磁化强度可以表示为

$$M = \frac{N\sum\limits_{n} -\frac{\partial E}{\partial H}\exp\left(-\frac{E_n}{kT}\right)}{\sum\limits_{n}\exp\left(-\frac{E_n}{kT}\right)} \qquad (2\text{-}6)$$

上式是材料磁性的一般表达式，其中没有任何假设。对于具体的体系，我们需要了解 Zeeman 能级与磁场强度间的关系 $E = f(H)$。一般地说，了解 $E = f(H)$ 的解析关系是比较困难的。Van Vleek（范弗莱克）曾做了两点假设，一是体系的能级可以对磁场展开成下列级数

$$E_n = E_n^{(0)} + E_n^{(1)}H + E_n^{(2)}H^2 + \cdots \qquad (2\text{-}7)$$

另外，假设外磁场不大，即 H/kT 的数值比较小。考虑上述假设，式(2-6)可以表示为

$$\chi = \frac{N\sum\limits_{n} -\left\{\frac{(E_n^{(1)})^2}{kT} - 2E_n^{(2)}\right\}\exp\left(-\frac{E_n^{(0)}}{kT}\right)}{\sum\limits_{n}\exp\left(-\frac{E_n^{(0)}}{kT}\right)} \qquad (2\text{-}8)$$

在很多情形下，二级 Zeeman 分裂 $E_n^{(2)}$ 可以忽略不计，式(2-8)可以简化为

$$\chi = \frac{N\sum\limits_{n} \frac{(E_n^{(1)})^2}{kT}\exp\left(-\frac{E_n^{(0)}}{kT}\right)}{\sum\limits_{n}\exp\left(-\frac{E_n^{(0)}}{kT}\right)} \qquad (2\text{-}9)$$

考虑自旋为 S，且体系中的原子磁矩间没有磁相互作用的情况。在未加磁场时，体系的 $2S+1$ 个能级是简并的，在外磁场作用下，体系发生 Zeeman 分裂，相应 Zeeman 能级的能量位置可以表示成

$$E_n = M_S g \mu_B H \qquad (2\text{-}10)$$

式中，M_S 为自旋角动量，其数值可以从 $-S$ 到 S。从式(2-10)可以看到，体系的 Zeeman 能级分裂与磁场强度成正比，即式(2-9)中只有 $E_n^{(1)}$ 不等于零。将式(2-10)代入式(2-9)并简化，可以得到磁化率的表达式为

$$\chi = \frac{Ng^2\mu_B^2}{3kT}S(S+1) \qquad (2\text{-}11)$$

这就是顺磁性的 Curie 定律。从上面的推导我们知道,顺磁性物质只有在磁场较小时才符合 Curie 定律。在磁场较大时,材料的磁化强度要从式(2-6)计算。如在很低的温度下和很大的磁场中,M 将趋向饱和,从式(2-6)可以得到材料的饱和磁化强度为

$$M_S = Ng\mu_B \tag{2-12}$$

下面我们分析一个具体例子,说明顺磁性化合物的特点。$La_2Ca_2MnO_7$ 是一种具有层状钙钛矿结构化合物,结构是由三方钙钛矿层(La_2MnO_6)和具有石墨结构的(Ca_2O)层交替构成。图 2-8 给出了 $La_2Ca_2MnO_7$ 的晶体结构,结构中锰离子处于八面体格位,锰氧八面体是分立的,离子之间的磁相互作用比较弱,在较高温度下应当表现为顺磁性。图 2-9 是 $Ln_2Ca_2MnO_7$ 的摩尔磁化率曲线。磁化率的变化符合 Curie-Weiss 定律(图 2-10),其中 Curie 常数 $C = 2.48$,Weiss 常数 $\theta = -31.3K$。Curie 常数是与化合物的有效磁矩相关的常数,Weiss 常数则表示了磁性离子之间相互作用的性质和强弱,Weiss 常数为负值表示磁性离子之间的相互作用是反铁磁性,从顺磁性到反铁磁性的转变温度为 31.3K 左右。

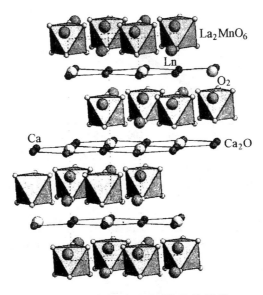

图 2-8　$La_2Ca_2MnO_7$ 的晶体结构

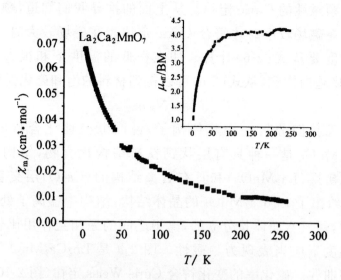

图 2-9　$La_2Ca_2MnO_7$ 的磁化率曲线

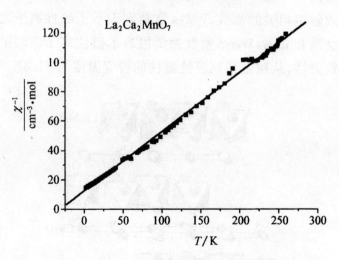

图 2-10　$Ln_2Ca_2MnO_7$ 的磁化率倒数与温度的关系

　　利用磁化率可以得到化合物的有效磁矩。我们先计算 $La_2Ca_2MnO_7$ 的磁矩。$La_2Ca_2MnO_7$ 中的锰离子为四价(d^3,$S=3/2$),只考虑自旋,可以得到

$$\mu_{eff}=g\sqrt{S(S+1)}=3.87\mu_B \qquad (2\text{-}13)$$

我们可以用两种方式估算化合物的有效磁矩的大小。将式(2-13)代入式(2-11)中,可以得到

$$\chi = \frac{N_A \mu_B^2 \mu_{eff}}{3kT} \qquad (2\text{-}14)$$

式中,N_A 是 Avagodro 常数;μ_B 是 Bohr 磁子;k 为 Boltzmann 常数。将上述常数代入式(2-14),可以得到

$$\mu_{eff} = 2.83\sqrt{\chi T} \qquad (2\text{-}15)$$

这个表达式在磁性离子之间相互作用很小时成立,因此,只能利用较高温度的磁化率有效磁矩。从图 2-2 有效磁矩随温度变化曲线得到该体系在室温下的有效磁矩为 $4\mu_B$ 左右,与计算结果 $3.87\mu_B$)吻合。有效磁矩也可以用 Curie 常数表示

$$\mu_{eff} = 2.83\sqrt{C} \qquad (2\text{-}16)$$

利用得到的 Curie 常数,也可以得到化合物的有效磁矩。

2.2.3　反铁磁性与亚铁磁性

1. 反铁磁性

现在我们考虑 2 个磁性原子之间的相互作用。假设体系中有 2 个 Cu(II)原子(A 和 B),被抗磁性的配体隔开,铜离子可以通过配体发生超交换相互作用,这时,Cu(II)离子的自旋 $s_A = s_B = 1/2$ 不再是好的量子数,体系的状态要用总量子数表示:$S = s_A + s_B = 1$ 和 $S = s_A - s_B = 0$。

由于离子之间的磁相互作用,即使没有外磁场,能级不再简并。用 Hamilton 量 H_{ex} 表示原子之间的磁相互作用

$$H_{ex} = -\sum_{ij} J(r_{ij}) S_i S_j \qquad (2\text{-}17)$$

式中,S 表示原子或离子的自旋,J 称作交换作用参数,表示了磁相互作用特性和大小。在铜的双原子分子中,自旋状态分裂成 $S = 0$ 的单线态和 $S = 1$ 的三线态,J 是两种自旋状态的能量差,如果 $S = 0$ 的单线态能量较低,J 为负值,相邻铜离子的自旋

反平行排列,是反铁磁性相互作用。反之,如果 $S=1$ 的三线态能量较低,J 为正值,相邻铜离子的自旋平行排列,是铁磁性相互作用。J 的数值与原子间相互作用的大小有关,通常认为有下列关系

$$J_F = 2k \ \text{或} \ J_{AF} = 4\beta S \tag{2-18}$$

式中,J_F 是铁磁性相互作用参数,J_{AF} 则是反铁磁性相互作用参数。铁磁性相互作用参数与轨道电子的交换积分 k 成正比,交换积分 k 可以表示为

$$k = \left[a(1)b(2) \left| \frac{1}{r_{12}} \right| a(2)b(1) \right] \tag{2-19}$$

式中,a 和 b 是参与磁相互作用的原子轨道,相互作用与原子间距离有关,随距离增加数值迅速减小。反铁磁性相互作用参数与轨道重叠积分(S)和电子迁移积分(β)的乘积成比例。轨道的重叠积分可以表示为

$$S = [a(1)|b(1)]$$

与参与相互作用的原子轨道交叠有关。电子迁移积分可以表示为

$$\beta = [a(1)|h(1)|b(1)]$$

式中,h 表示电荷迁移的 Hamilton 量。由此我们可以看出,反铁磁性相互作用主要与体系的交换作用能(exchange energy)有关。铁磁性相互作用则主要来源于轨道间的交叠和电荷迁移。在有外磁场时,三线态将发生分裂,而单线态的不受影响。图 2-11 定性地示出了在外磁场中能级分裂情况。将图中所示的能级代入式(2-9)可以得到在磁场较小时,磁化率应符合式(2-20)。

$$\chi = \frac{2Ng^2\mu_B^2}{kT\left\{ 3 + \exp\left(-\dfrac{J}{kT} \right) \right\}} \tag{2-20}$$

我们利用式(2-20)定性讨论磁化率随温度的变化。当 $J<0$ 时,即原子磁矩间存在反铁磁性相互作用时,随温度降低,磁化率上升到一极大值,随温度进一步降低磁化率减小,并趋向于零。当原子间的相互作用为铁磁性时,即 $J<0$,随温度降低磁化率一

直上升。简单的双原子分子磁行为反映了铁磁和反铁磁性相互作用的一般规律,但这并不能说明在什么情形下分子具有铁磁性或反铁磁性。需要说明的是,这种分子轨道的理论解释只对非金属性的磁性材料适用,金属性的磁性材料则要复杂得多。

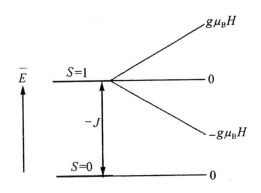

图 2-11　外磁场对 Cu_2^I 能级的影响

反铁磁性材料在较高温度下具有顺磁性,当温度降低到临界温度以下时,表现出反铁磁性。由顺磁性转变为反铁磁性的临界温度称为 Nèel 转变温度,用 T_N 表示。我们以 MnO 为例来说明材料的反铁磁性。图 2-12 给出了 MnO 的磁化率随温度的变化。MnO 具有 NaCl 结构,在 122K 以上,MnO 表现为顺磁性,其磁化率随温度降低而增加。当温度低于 122K 时,MnO 的磁化率随温度降低而下降。可以利用高温磁化率估算磁相互作用参数。一般地说,反铁磁性材料在高温下符合 Curie-Weiss 定律,Weiss 常数通常小于零。其他的 3d 过渡金属氧化物 FeO(T_N=198K)、CoO(T_N=293K)和 NiO(T_N=523K)在低温下都表现出反铁磁性,而且,随过渡金属原子序数的增加,转变温度(T_N)上升,表明反铁磁性相互作用按上述顺序逐步增强。

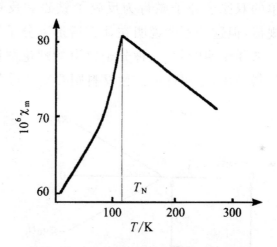

图 2-12　MnO 的磁化率随温度的变化

　　反铁磁性材料中的金属离子磁矩反平行排列,形成长程磁有序结构。考虑金属离子磁矩的方向,晶体结构中处于同一等效点系的离子可以不再等同,因此,材料磁结构的单胞和空间群都可能不同于晶体结构。晶体的 X 射线衍射是 X 射线与原子核外电子相互作用产生的散射效应,不受离子磁矩排列状况的影响,因此不能用于研究材料的磁结构。中子具有磁矩,中子衍射主要是中子与原子核相互作用产生的散射效应,如果材料中存在长程磁有序,会对中子产生磁散射,中子衍射图谱中出现磁衍射峰。因此,中子衍射技术是了解固体中原子磁矩取向和排列情况的有效方法。

　　图 2-13 是 MnO 在不同的温度下的中子衍射和 X 射线衍射图谱。在室温下,MnO 为顺磁性,不存在长程磁有序,中子衍射与 X 射线衍射没有差别。MnO 的 Nèel 温度为 122K,在这个温度以下,MnO 具有反铁磁性,相邻格位 Mn^{2+} 离子的磁矩反向排列,因而在 80K 的中子衍射图中出现了一些新的衍射峰,这些衍射峰是结构中金属离子反铁磁长程有序造成的。根据这些衍射峰的位置,可以确定磁结构的单胞。利用磁衍射峰的强度可以研究结构中磁矩的取向和大小。

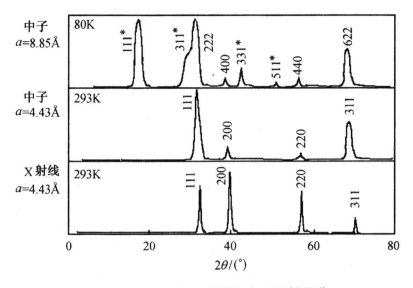

图 2-13　MnO 的 X 射线和中子衍射图谱

图 2-14 是 MnO 在低温下的磁结构。由于磁矩方向不同，中子衍射得到的立方晶胞参数比 X 射线衍射得到的参数增加了一倍，从 $a=4.43$Å 增加到 $a=8.85$Å。MnO 中 Mn^{2+} 离子磁矩沿着 [111] 方向排列。由于反铁磁性有序，MnO 的立方单胞沿三重轴方向收缩，因此结构不再具有立方对称性，而是三方对称性。其他过渡金属-氧化物都有类似的磁结构，NiO 的立方单胞沿三重轴方向收缩，FeO 则沿三重轴方向膨胀。

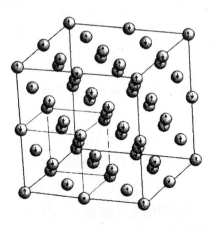

图 2-14　MnO,FeO 和 NiO 中的反铁磁超结构

在过渡金属化合物中,磁性离子之间的相互作用主要是超交换(superexchange)相互作用。在很多化合物中,磁相互作用的距离大于直接交换作用的距离。图 2-15 表示了 2 个 Ni^{2+} 离子之间发生超交换相互作用的情况。Ni^{2+} 离子有 8 个 d 电子,在八面体配位环境中,两个电子分别占据由 d_{z^2} 和 $d_{x^2-y^2}$ 构成的 e_g 反键轨道。金属离子未充满的 d 轨道通过 p 轨道发生磁耦合,耦合涉及 p-d 电荷迁移激发态,使过渡金属离子的磁矩反平行排列。我们知道,反铁磁性交换作用常数(J)正比于轨道的重叠积分和电子迁移积分($J_{AF}=4\beta S$)。重叠积分(S)表示轨道间直接相互作用的大小,即成键情况;电子迁移积分(β)表示阴离子与金属离子之间的电荷迁移,即电荷迁移激发态的情况。当 d 轨道与配体的 p 轨道形成 σ 键时,超交换相互作用比较强,形成 π 键时则比较弱。$LaCrO_3$ 中 Cr^{3+}(d^3)离子之间的超交换相互作用是通过 π 键实现的,相应的反铁磁性相互作用比较弱;而 $LaFeO_3$ 中 Fe^{3+}(d^5)之间的超交换相互作用是通过 σ 键实现的,相应的反铁磁性相互作用比较强。后者的 Nèel 温度(T_N)高于前者。同样我们可以得出,过渡金属氧化物的 Nèel 温度 T_N 按 $MnO<FeO<CoO<NiO$ 的顺序增高。

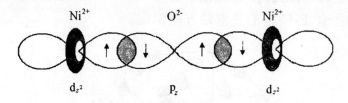

图 2-15 Ni^{2+} 的 d 电子通过中间的氧离子的 p 轨道发生自旋耦合

超交换相互作用与体系中的 M—O—M 键角有关,Anderson(安德森)和 Goodenough 等人曾经总结了 M—O—M 超交换相互作用的律。认为当 M—O—M 夹角为 180° 时,半充满状态的过渡金属离子之间的相互作用为反铁磁性;而当 M—O—M 夹角为 90° 时,过渡金属离子之间的相互作用为铁磁性。

2. 亚铁磁性

亚铁磁性物质宏观磁性上与铁磁性物质相同,只是在磁化率的数量级上低,在 $10^1 \sim 10^3$ 数量级。区别在于微观自发磁化是反平行排列,但两个相反平行排列的磁矩大小不相等,矢量和不为零。铁氧体是典型的亚铁磁性物质。

总之,各类物质的磁性状态是由于不同原子具有不同的电子壳层结构,原子的固有磁矩不同。图 2-16 示出各类物质的磁结构状态。铁磁性、反铁磁性和亚铁磁性为磁有序状态,顺磁性是磁无序状态。

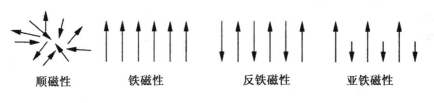

顺磁性　　　　铁磁性　　　　　反铁磁性　　　　亚铁磁性

图 2-16　各类物质磁结构示意图

2.2.4　铁磁性

材料的铁磁性有两种含义,一是指材料表现出的宏观铁磁性现象(ferromagnetism),还可以指材料中磁性离子之间的铁磁性相互作用(ferromagnetic interaction)。材料的宏观铁磁性主要表现为饱和磁化、磁滞和剩磁等现象,而铁磁性相互作用是使原子或离子磁矩平行排列的物理效应。具有宏观铁磁性的材料中的磁相互作用不一定都是铁磁性的,亚铁磁性材料中存在反铁磁相互作用,但可以表现出宏观铁磁性。

在没有外加磁场情况下,铁磁性材料内部的原子或离子磁矩仍可以沿一定方向自发平行排列。Weiss 认为在铁磁性材料中相邻原子磁矩间存在一定的相互作用,这种相互作用相当于在材料内部存在一个附加磁场。附加磁场与外磁场平行,并与材料的磁化强度成比例。因此,材料内部的磁场强度应是外磁场和附加磁场之和,即 $H+\lambda M$,λ 为比例常数。假定体系在较高的温度下体系服从 Curie 定律,但体系磁场应该是包括了外场和附加磁场的实际磁场,即

$$\frac{M}{H+\lambda M}=\frac{C}{T} \tag{2-21}$$

整理后,可以得到

$$\chi=\frac{M}{H}=\frac{C}{T-\lambda C}=\frac{C}{T-T_{\mathrm{C}}} \tag{2-22}$$

这正是我们在前面介绍的 Currie-Weiss 定律,其中引入的参数 T_{C} 称作 Curie 温度或 Curie 点,是具有温度量纲的参数。从 Currie-Weiss 定律可以知道,当 $T>T_{\mathrm{C}}$ 时,材料具有顺磁性,$T=T_{\mathrm{C}}$ 时,磁化率存在一异常点,数值趋近于无穷。这意味着即使外磁场等于零,材料内部仍存在有磁化强度,即自发磁化现象。在 $T<T_{\mathrm{C}}$ 时,M 不再正比于磁场 H,Cuire-Weiss 定律没有意义。利用分子场理论的观点可以解释铁磁性材料的一些性质,但是并不能给出分子场的物理意义。

相邻磁性原子或离子可以通过多种途径发生铁磁性相互作用。3d 金属原子之间的交换积分的大小和方向与金属原子间的距离有关。图 2-17 是 3d 金属原子的交换能与金属原子间距离的关系,图中同时给出了几种 3d 单质金属和稀土 Gd 所处的可能位置。Mn 金属的磁相互作用是反铁磁性的。铁与碳形成的合金 γ-Fe 中铁原子间的相互作用很小,也属于反铁磁性的。α-Fe、Co 和 Ni 金属中原子磁矩间的相互作用都是铁磁性的。金属 Al 中的原子间距很大,4f 轨道之间的直接相互作用较小,但也是铁磁性的。

金属中的磁性离子可以使导带电子极化,这种极化作用可以远距离传播,称作 RKKY 模型。RKKY 模型的典型例子是磁性玻璃。在磁性玻璃中,少量磁性原子分布在非磁性金属中,磁性离子之间的距离很远,其磁相互作用是通过磁性离子对导带电子的极化实现的。稀土金属中磁相互作用也属于这种情况。在 RKKY 体系中,局域原子磁矩与导带电子发生交换作用,使局域

磁矩附近的导带电子发生自旋极化,可以表示为

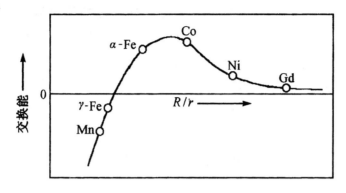

图 2-17　交换积分与原子间距的关系

$$H = -2Js \cdot S \qquad (2\text{-}23)$$

式中,s 表示 Fermi 面附近电子的自旋,S 为磁性离子电子的自旋,J 为交换积分。导带电子的自旋极化的空间分布如图 2-18 所示。交换积分 J 是与距离相关的波动函数

$$F(x) = \frac{x\cos x - \sin x}{x^2} \qquad (2\text{-}24)$$

导带电子的极化波可以传播相当远的距离,但振幅和方向随距离变化。极化的导带电子可以诱导磁性离子,使其平行或反平行排列。图中的箭头表示了磁矩的取向,RKKY 引起的磁相互作用可以是铁磁性的,也可以是反铁磁性的。

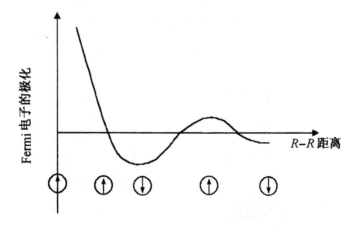

图 2-18　自旋极化在空间中的分布

  铁磁性材料内部的自发磁化使原子磁矩平行排列。但在无外加磁场时，材料并不表现出宏观自发磁化性质。Weiss 提出磁畴的概念说明宏观磁现象与微观磁矩间的联系。磁畴是指铁磁材料中的小区域，尺寸一般在微米量级，介于宏观材料和微观原子之间，是一种亚微观的结构。在磁畴的内部，原子磁矩平行排列。但未加外场时，各个磁畴的取向无序，相互抵消，宏观磁化强度为零。图 2-19 示意出了铁钇石榴石材料中磁畴。磁畴的观察是这样进行的，在抛光的材料表面涂一层含磁性颗粒的液体。由于磁畴取向不同，磁畴边界存在有较强的局域磁场，磁性颗粒聚集在磁畴的交界区域，利用光学显微镜可以观察磁性颗粒的分布，得到磁畴分布的情况。目前，人们也利用磁力显微镜（MFM）直接观察材料中磁畴的分布情况。相邻磁畴之间的相互作用使磁畴按一定方式排列。一般地说，相邻的磁畴倾向于反向排列（图 2-20），这种排列方式可以使磁通量形成闭合的回路，降低体系的能量。

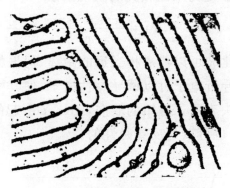

图 2-19 铁钇石榴石的磁畴图

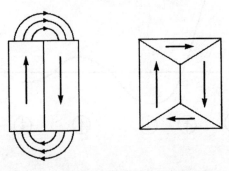

图 2-20 磁性材料中磁畴的可能排列

在外磁场作用下,磁畴可以沿磁场方向取向,当外磁场足够强时,铁磁性材料达到饱和,再继续加大磁场,材料磁化强度不再显著变化(图 2-21 中的曲线 a),饱和磁化强度用 M_s 表示。当磁场逐渐减小零时,由于畴壁的钉扎效应,磁畴仍保持一致取向,材料保持一定剩余磁化强度 M_r。剩余磁化强度是永磁材料的一个重要参数。

继续增强反向磁场会使磁畴逐渐反向排列,并在相反方向上达到饱和。减小反向磁场和继续增加正向磁场将重复上述过程,当材料回到正向饱和状态时,磁场正好完成一个周期,材料磁化曲线构成闭合曲线,称作磁滞回线。图 2-21 是一典型的磁滞回线的示意图,其中的第二象限非常重要,磁化曲线与纵坐标的交点 M_r 为材料的剩磁,与横坐标的交点是材料的矫顽力 H_c。在第二象限中,磁场强度与磁感应强度乘积的最大值 $(BH)_{max}$ 称作材料的磁能积。这是一个评价永磁材料综合性能的参数。

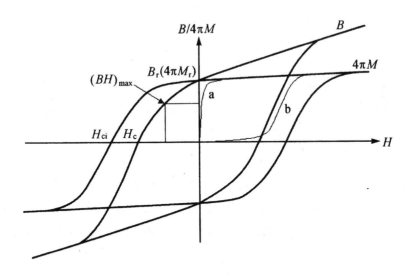

图 2-21　铁磁性材料的磁滞回线

不同铁磁性材料的磁滞回线形状可以有很大的差别。软磁性材料的磁滞回线非常窄,其主要特征是具有较高的磁导率($\mu_r = 1 + \chi_m$),常用做线圈磁芯。纯铁是一种很好的软磁性材料,其磁导率可达 1000。硅铁合金的磁导率为 15000,还有一些合金的磁导率可以达到 10^4 或 10^5。软磁性材料多用于发电机、电动机、变压器和其他一些电子器件中。硬磁性材料具有宽的磁滞回线,具有较高的剩磁和矫顽力。硬磁性材料磁化后,可以保持较高的剩余磁化强度,主要用于永磁体,提供稳定的磁场。

实际应用中退磁场对材料的性能有很大影响。磁体内部的退磁场方向与磁化方向相反,使磁体的磁化强度小于材料的剩磁,即磁体的工作点并非处于 $H=0$,而是位于退磁曲线(第二象限中)的某一位置。因此,永磁体应当具有较高的矫顽力,以抵抗退磁场和外界磁场的干扰。磁体所提供的磁场强度与工作点处的磁能积 BH 成比例,因此,最大磁能积是标志永磁材料性能的最重要的参数。

2.2.5　磁性材料的能带结构

在讨论固体能带理论时,假设体系符合单电子近似,即每一个能量状态可以充填两个自旋相反的电子,这与过渡金属离子的低自旋状态相当。当体系中的电子之间存在较强的自旋的交换作用时,电子自旋状态发生分裂,不同自旋的电子充填不同的能带。我们从金属的 Pauli 顺磁性出发,考虑磁性材料的能带结构。在外磁场作用下,不同自旋的能量状态会发生 Zeeman 分裂,使能带中不同自旋的电子数目不同,产生出顺磁性。如果电子之间存在较强的自旋交换作用时,应当对 Pauli 顺磁性做校正

$$\chi' = \chi_{\mathrm{p}} \left\{ 1 - \frac{KN(E_{\mathrm{F}})}{2} \right\}^{-1} \tag{2-25}$$

式中,χ_{p} 是未校正的 Pauli 项;K 是电子的交换作用常数,矫正系数与 Fermi 面附近的能态密度有关。我们知道,过渡金属的 d 轨道构成的能带比较窄,在 Fermi 面附近的能态密度 $N(E_{\mathrm{F}})$ 较

大,因此,修正项对于过渡金属化合物是非常重要的。当体系中电子的交换作用很强,即 $KN(E_F)/2 > 1$ 时,Pauli 顺磁性不是稳定状态,在这种情况下,即使没有外磁场存在,不同自旋的能量状态也因交换作用而发生分裂,材料将表现出铁磁性或反铁磁性。

图 2-22 表示了 3d 能带充填的几种可能情况。图 2-22(a)表示不同自旋的能带完全充填,体系的磁矩为零。图 2-22(b)中的 3d 能带未充满,但 3d 轨道间的交换作用小,材料具有 Pauli 顺磁性。图 2-22(c)和(d)表示了铁磁性材料的能带,但两者的充填状况不同。如果我们改变 3d 能带中电子数目,图 2-22(c)和(d)的两种充填情况表现出的磁性变化不同。在图 2-22(c)体系中,电子填到不同自旋能带,但由于不同自旋能带的能态密度 $N(E_F)$ 不同,材料有效磁矩增加;相反,在图 2-22(d)体系中加入电子,会使磁矩下降。

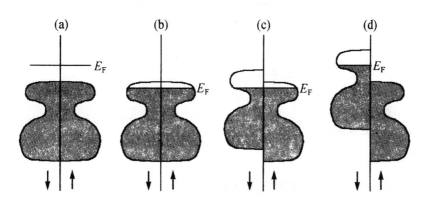

图 2-22　磁性材料能带示意图

3d 过渡金属可以形成多种二元合金,由于金属的 d 电子数目不同,3d 过渡金属二元合金体系反映了能带充填状况对磁性的影响。图 2-23 给出了过渡金属合金的磁矩随组成的变化。随 d 电子数目增加,3d 过渡金属合金的磁矩增大,在铁附近达到极大值,电子数目继续增加导致体系的磁矩下降。过渡金属合金的磁矩变化反映了能带自旋分裂和充填状况的影响。

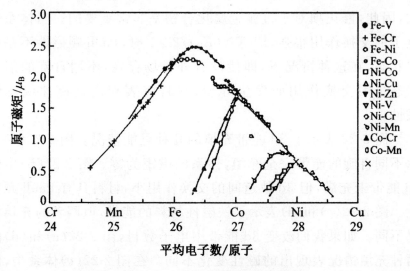

图 2-23　二元合金的原子磁矩

2.3　磁性材料的制备

2.3.1　软磁材料的制备

1. 金属软磁性材料

（1）铁（磁）芯材料

铁（磁）芯材料的制备,如工业纯铁、电工硅钢片、非晶态软磁合金等材料。工业应用的电工纯铁最常见的是电磁纯铁,名称为电铁（代号 DT）,其供应状态包括锻材、管材、圆棒、薄片或薄带等。电磁纯铁的热处理主要包括去应力退火、去除杂质和人工时效。电工纯铁去应力退火的目的是消除加工应力,其基本工艺是将元件加热到 60℃～930℃,保温 4h 后随炉冷却。为防止材料氧化,退火处理一般在通入干燥氢气的密封退火炉中进行。纯铁的磁导率和矫顽力对杂质十分敏感,即使添入微量的 C、Mn、P、S、N 等,也将显著降低材料的磁导率和矫顽力。

（2）电工硅钢片

电工硅钢片主要包括热轧硅钢片、冷轧无取向硅钢片、冷轧单取向硅钢片和电信用冷轧单取向硅钢片等几大类。

热轧硅钢片是将 Fe-Si 合金平炉或电炉熔融，进行反复热轧成薄板，最后在 800℃～850℃ 退火后制成。轧硅钢片可分为低硅（$\omega(\mathrm{Si})\leqslant 2.8\%$）和高硅（$\omega(\mathrm{Si})>2.8\%$）两类。其中低硅钢片具有高的 B_s 和力学性能，厚度一般为 0.5mm，主要用于发电机制造，所以又称为热轧电机硅钢片。高硅钢片具有高磁导率和低损耗，一般厚为 0.35mm，主要用于变压器制造，所以又称为热轧变压器硅钢片。

冷轧无取向硅钢片主要用于发电机制造，故又称冷风电机硅钢片。其 $\omega(\mathrm{Si})=0.5\%\sim3.0\%$，经冷轧至成品厚度，供应态为 0.35mm 和 0.5mm 厚的钢带。冷轧硅钢 Si 的质量分数为 $2.5\%\sim3.5\%$。

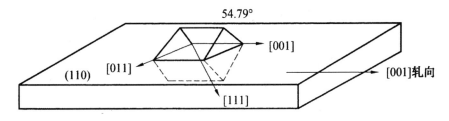

图 2-24　冷轧单取向硅钢的晶粒取向

习惯上将 $\omega(\mathrm{Ni})=35\%\sim80\%$ 的 Fe-Ni 合金称为坡莫合金。坡莫合金在弱场下具有很高的初始磁导率和最大磁导率，有较高的电阻率。坡莫合金的成分位于超结构相 $\mathrm{Ni_3Fe}$ 附近，合金在 600℃ 以下的冷却过程中发生明显的有序化转变。为获得最佳磁性能，必须适当控制合金的有序化转变。因此，坡莫合金退火处理时，经 1200℃～1300℃ 保温 3h 并缓冷至 600℃ 后必须急冷。坡莫合金易于加工，可轧制成极薄带。

（3）金属磁粉芯材料

金属磁粉芯是由金属磁性粉粒，经表面绝缘包覆，与绝缘介质（有机或无机）类黏合剂混合压制而成的一种软磁材料。不仅是制造差模滤波器和无源 PFC 电感最廉价的材料，还是制造功率扼流圈廉价使用的材料。由于金属磁性粉粒很小，又被非磁性绝缘膜物质隔开,因此,一方面可以隔绝涡流,材料适用于较高频率,另外一方面由于颗粒之间的间隙效应,导致材料具有低磁导率及磁特性。同时磁粉芯内有天然的气隙分布特性,极其适合储能性电感的使用。又由于磁性粉末颗粒尺寸小,基本上不会发生集肤效应,磁导率随频率的变化也就较为稳定。磁粉芯的磁电性能主要取决于粉粒材料的磁导率、颗粒大小和形状、填充率、绝缘介质的含量、成型压力及热处理工艺等。在高频条件下使用的磁芯,其磁化性质与静态磁化不同,随着频率的提高,损耗问题渐趋重要。其中磁致损耗与频率成正比,涡流损耗与频率的平方成正比,因此必须首先考虑涡流损耗。铁粉芯材料包括羰基铁粉、Mo-Ni-Fe 合金粉、Fe-Al-Si 合金粉等。在高温高压下,使 Fe 和 Co 发生反应,可以制成羰基铁 $Fe_2(CO)_5$,然后在 350℃使其分解,可以得到尺寸均匀的球状纯铁颗粒;混以适当的绝缘剂并压制成型,可作相对初始磁导率为 5～20 的高频低磁导率的铁芯使用。

(4)非晶态软磁合金

非晶态软磁合金是一种无长程有序、无晶粒合金,又称金属玻璃,或称非晶金属。

非晶态软磁合金的制备方法有三种。第一种为快速凝固和从稀释态凝聚(如溅射、沉积、蒸发等)方法。常用的有液态急冷法。此法基本原理是熔融合金,用加压惰性气体将液态合金从直径为 $0.2～0.5\mu m$ 的石英喷嘴中喷出,形成均匀的熔融金属细流,连续喷射到高速旋转的冷却辊表面,液态合金以 $10^6～10^2 K/s$ 的高速冷却,形成非晶态。

第二种为固相反应法,如多层膜界面互扩散反应非晶法、氢致非晶法等。就是通过具有很强混溶趋势组元之间的非对称互扩散,抑制组元在混合反应过程中金属间化合物的形成,在低于玻璃化转变温度以下获得非晶态材料。

第三种为大块非晶制备方法,是通过成分设计,将具有不同尺寸的多个元素均匀混合在一起,使得金属熔体具有很大的过冷度和粘滞系数,使熔态合金在凝固过程中长程扩散受到强烈抑制,转变成非晶所需的临界冷却速率大大降低,从而得到三维大尺寸的非晶合金材料。

2. 软磁铁氧体的制备

(1)工艺流程

工艺流程如图 2-25 所示。

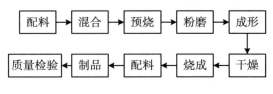

图 2-25　软磁铁氧体制备的工艺流程

(2)注意事项

①生产铁氧体的原料纯度要求很高,一般采用化学试剂。杂质往往与铁形成非磁性物质,严重降低铁氧体的磁导率。其中以钾、钠离子最为有害,不仅影响磁导率,还会增加导电性,增加高频损耗。SiO_2 能与 Fe_2O_3 生成非磁性的硅酸铁并同时有氧气放出,使制品气孔率增加,降低磁导率,一般 SiO_2 含量应控制在 0.5% 以下。

②预烧目的在于减少制品的烧成收缩,使反应完全,并提高铁氧体的品质因数及磁导率等性能。一种方法是将细磨后的混合物在 500℃低温预烧,另一种是在 1000℃下高温预烧。有时甚至要求两次预烧(低温预烧后经粉磨再进行高温预烧)。

③成形一般可采用干压、挤制、注浆及热压注等方法。对于高级制品也有采用等静压、热压或爆炸法成形的。

④烧结是铁氧体生产过程的重要环节。铁氧体是通过固相反应而烧结的,在烧结和冷却过程中要发生一系列氧化和还原反应及固溶体的生成与分解反应。通过烧结操作的控制,可以将形成的产品结构引向所要求的方向。对于低损耗的铁氧体,要求晶粒细密均匀并且致密度高;而对于高磁导率的铁氧体则要求晶粒大而均一,并避免出现不连续的颗粒长大和形成气孔。因为晶粒大,晶粒边界和非磁性空隙数目就会减少,利于畴壁移动,进而显

著提高起始磁导率。但若在晶粒边界出现空隙,反会阻碍畴壁位移而降低起始磁导率。烧制高磁导率的软磁材料时,还必须严格控制其冷却速度,使之缓慢冷却,以消除内应力。烧成设备多采用硅碳棒电窑,烧成温度一般控制在 1150℃～1350℃。烧成气氛要适应制品氧化还原过程,一般避免采用还原气氛。

2.3.2 永磁材料的制备

1. 稀土永磁材料和磁体的制备

(1)高温熔炼法

高温熔炼法是以纯金属为原料,在真空感应炉中高温熔炼,再于 1100℃以上退火一定时间得到的稀土合金。熔炼方法得到的稀土合金均为块体,需要经粉碎和机械球磨使合金的晶粒尺寸达到一定要求。在通常情况下,利用机械球磨方法可以将晶粒尺寸控制在几个微米至十几微米,进一步减小晶粒尺寸将会使晶粒完整性受到破坏,影响材料的永磁性能。高温熔炼方法是制备稀土永磁合金的常规方法,用这种方法得到的稀土永磁材料是各向异性的磁粉。

(2)机械合金法

机械合金化法也是以纯金属为原料,这种方法不经高温熔炼,而是将组分金属直接在球磨机中进行强力机械球磨。经一段时间球磨,组分金属充分混合并发生反应生成无定型合金,无定型合金在 600℃以下退火一段时间,可以得到结晶稀土永磁合金。机械合金化方法的一个显著特点是合金产物的晶粒尺寸非常小,通常只有几十到几百纳米。但由于合金晶粒是从无定型转化而来,均为多重孪晶,所以只能得到各向同性的稀土永磁材料。另外,这种方法的制备成本较高,不适用于大规模工业生产。

(3)HRRD 法

HRRD 法是利用稀土-过渡金属合金的吸氢-歧化-脱氢过程

来制备具有一定晶粒尺寸的稀土永磁合金。先将高温熔炼得到的稀土合金与氢气反应生成金属氢化物、相应的过渡金属和过渡金属硼化物。

$$Nd_2Fe_{14}B + 2.7H_2 \longrightarrow 2NdH_{2.7} + 12Fe + Fe_2B$$

再将上述体系加热到 $350℃$ 以上,使氢化物分解,继续加热使组分金属重新生成一定晶粒尺寸的稀土永磁合金。

HRRD 方法得到的钕铁硼材料的晶粒尺寸可以达到 $0.3\mu m$,与单磁畴的尺寸相当,具有较高的矫顽力,但晶粒为多重孪晶,只能用于制备各向同性的稀土永磁材料。

(4)还原-扩散法

还原-扩散法以稀土氧化物和过渡金属为原料,在一定温度下与 CaH_2 发生还原反应得到相应的稀土永磁合金。在反应过程中,稀土氧化物被 CaH_2 还原,生成的稀土金属扩散到过渡金属颗粒中形成金属间化合物。因此过渡金属原料的晶粒度直接影响到产物合金的粒度。还原反应可以用下式表示

$$2Nd_2O_3 + 24Fe + 2Fe_2B + 3CaH_2 \xrightarrow{1200℃} 2Nd_2Fe_{14}B + 3CaO + 3H_2O$$

这种方法是以稀土氧化物为原料,可以降低原料成本,同时用软化学方法可以控制过渡金属原料的晶粒尺寸,进而控制产物合金的晶粒尺寸。

最近人们利用还原-扩散法得到了晶粒尺寸可控,晶粒结构完整、具有各向异性稀土-过渡金属氮化物永磁材料。

烧结磁体和粘结磁体是目前常用的两种制备稀土永磁体的方法。烧结磁体的密度大、磁能积高,是制备磁体的常用方法。将磁粉在磁场中模压得到压结的坯体,然后在一定的温度下进行烧结,烧结温度和处理过程对磁体性能有很大的影响,烧结温度高,磁体的密度高,但晶粒易长大而影响磁体的矫顽力。烧结后的磁体经过磁化处理得到相应的稀土永磁体。粘结磁体是将磁粉与粘结剂混合,在磁场下模压成型。粘结磁体易加工成型,加工成本较低,近年来越来越受到重视。目前市场上粘结磁体占稀土永磁体的 1/3 左右,并仍有增加的趋势。

　　烧结磁体的制备过程包括合金熔炼、制粉、粉末磁场取向与成形、烧结、热处理、磁体加工等主要工序。合金一般采用真空熔炼,并用水冷锭模浇注以防止成分偏析。制粉工艺包括铸锭破碎和磨粉两个步骤。磨粉可以采用球磨和气流磨方法进行,粉末粒度大小要保证使每个颗粒皆为单晶体(单畴粒子),一般来说,铁氧体为 $1\mu m$,$SmCo_5$ 为 $5\sim10\mu m$,NdFeB 为 $3\sim5\mu m$。图 2-26 所示为 NdFeB 晶型结构示意图。将粉末置于磁场中进行取向与压制成形,磁场取向的方法有两种:一种是磁场方向与压制方向平行,称为平行取向;另一种是磁场方向与压制方向垂直,称为垂直取向。垂直取向有利于提高磁体的取向因子。烧结磁体通过烧结过程中取向的形成,显著提高了磁体的性能。磁体烧结后的热处理包括烧后处理和时效处理。烧后处理过程中合金不发生相变,仅改变晶界状态,主要适用于基体相为单相的合金。时效处理主要是通过相变提高合金的磁性能。烧结法在小而薄、形状复

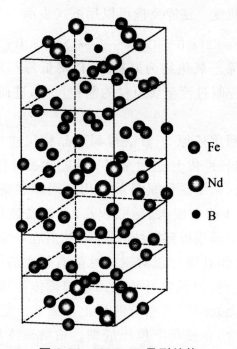

Fe
Nd
B

图 2-26　Nd-Fe-B 晶型结构

杂的磁体的制备方面优于铸造法,对于质量小于 15g 的磁体用烧结法比铸造法更为经济。烧结磁体的不足之处在于硬度高、脆性大,难以进行机械加工。图 2-27 为 Nd-Fe-B 磁体烧结制备过程的流程图。

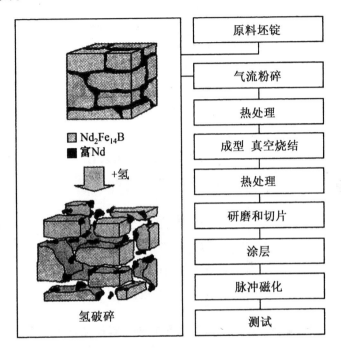

图 2-27　Nd-Fe-B 磁体制备过程的流程图

2. 稀土型磁性塑料的制备

如图 2-28 所示,热固性磁性塑料的制备有两种工艺。第一种是涂布法,将稀土类磁粉混入液态双组分环氧树脂中,均匀混合成浆料,再在磁场强度 15kOe 以上的磁场中压制成型,加热固化而制得。其特点是机械强度高,但由于树脂用量较多,磁性较低,其最大磁能积 15MG·Oe。第二种称为真空浸渍法,此法是对磁场中压制成型的磁性体先进行真空脱气,然后再在黏度约 0.2Pa·s 的环氧树脂中浸渍,于 100℃～150℃固化,并于 20kOe 以上的磁场中磁化。其特点是磁粉填充率高达 98%(质量),因而磁性高,其最大磁能积为 17MG·Oe 以上。缺点是机械强度有所降低。

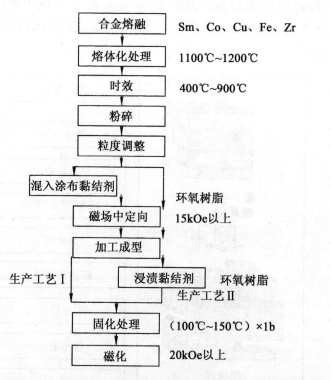

图 2-28　热固型磁性塑料的两种制备工艺示意图

热塑性磁性塑料最初曾采用过挤出成型法，但目前以注射成型为主流。首先，将选用树脂、稀土类磁粉及助剂等加热混炼，制成模塑物。然后在磁场中注射成型（或挤出）而制得产品，如图 2-29 所示。

3. 铁氧体的制备

铁氧体的制备方法有很多，具体如图 2-30 所示。

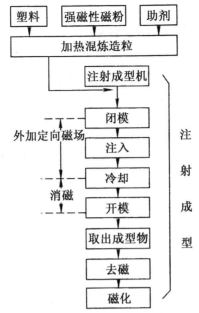

图 2-29　热塑性磁性塑料的制造流程

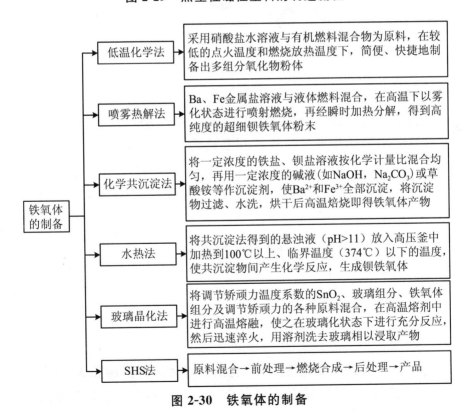

图 2-30　铁氧体的制备

2.3.3　磁泡材料的制备

磁泡是指某些磁性材料薄膜的性能和尺寸满足一定的条件时,在适当的偏磁场的作用下,其反磁化畴变直径为 $1\sim100\mu m$ 的圆柱形磁畴,在偏振光显微镜下观察,这些圆柱畴在薄膜表面好像浮着一群圆泡,故称为磁泡,简言之,磁泡就是在垂直薄膜平面的外磁场作用下,能产生圆柱形磁畴的薄膜材料。利用这些圆柱形磁泡可凭借一定的脉冲或旋转磁场和磁路使磁泡产生、传输和消失。这种在特定的位置产生或消失的状态正好对应"0"或"1",并能快速位移,速度可达 10m/s 以上。可利用磁泡进行存储、记录和逻辑运算等。图 2-31 为圆柱形磁泡示意图。

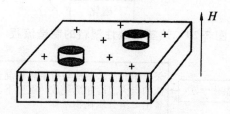

图 2-31　圆柱形磁泡示意图

磁泡材料薄膜的制备主要采用外延生长法,即将具有与待制磁泡材料相同或相近晶体构造和晶格常数的单晶基片,置于含有待制磁泡材料组分的熔体或溶液中,在一定条件下,磁泡材料沉积在基片上,形成具有一定晶面的磁泡材料薄膜。

2.4　磁性材料的应用

2.4.1　永磁材料的应用

工业应用的永磁材料主要包括 5 个系列:铝镍钴系永磁合金、永磁铁氧体、铁铬钴系永磁合金、稀土永磁材料和复合黏结永磁材料。其中铝镍钴系永磁合金以高剩磁与低温度系数为主要特征,最大磁能积仅低于稀土永磁。永磁铁氧体的主要特征是高矫顽力和廉价,但剩磁和最大磁能积偏低;由于其高的磁性温度系数不适于精度要求很高的应用场合,而在产量极大的家用电器、音响设备、扬声器、电动机、电话机、笛簧接点元件和转动机械等方面得到普遍应用,是目前产量和产值最高的永磁材料。图 2-32 为烧结制备的 Nd-Fe-B 磁体。

图 2-32　烧结制备的 Nd-Fe-B 磁体

2.4.2　软磁材料的应用

软磁材料主要用于制造发电机、电动机、变压器、电磁铁、各类继电器与电感、电抗器的铁芯、磁头与磁记录介质、计算机磁芯等,是电动机、电子工程、家用电器、计算机领域软磁材料的重要材料。

铁磁性材料主要用于制造变压器、电机与继电器的铁(磁)芯。铁芯的工作特性要求材料具有低的矫顽力、高的磁导率和低的铁损。因此制造铁芯的材料主要选用高磁饱和材料,如工业纯铁、电工硅钢片、非晶态软磁合金和铁钴合金;中磁饱和中导磁材料,高导磁材料如坡莫合金等;恒磁导率材料;以及铁粉心型材料与氧化物粉心材料等。

热轧硅钢片可分为低硅两类。其中低硅钢片具有高的饱和磁感应强度和力学性能,主要用于发电机制造,所以又称为热轧电机硅钢片。高硅钢片具有高的磁导率和低的损耗,主要用于变压器制造,所以又称热轧变压器硅钢片。冷轧无取向硅钢片主要用于发电机制造,故又称为冷风电机硅钢,其中硅的质量分数为0.5%~3.0%。冷轧硅钢的饱和磁感应强度,高于取向硅钢,与热轧硅钢相比,其厚度均匀,尺寸精度高,表面光滑完整,从而提高了填充率和材料的磁性能。

Fe-Ni合金也称为坡莫合金,主要用于制作小功率变压器、微电机、继电器、扼流圈和电磁离合器的铁芯,以及磁屏蔽罩、话筒振动膜等。

2.4.3 磁流体的应用

磁性液体(磁流体)是铁磁性物质(如 Fe_3O_4、γ-Fe_2O_3、Co、Sm-Co 及锰、钴、镍、铜和镁等元素所组成的铁氧体)的极微小的颗粒表面吸附上一层表面活化剂,表面活化剂使强磁性微粒表面吸附一层长链分子,以组成缓冲层,用以避免电场、磁场作用下微粒的凝聚,使其均匀稳定地弥散在某种按不同用途选择的基液之中,形成一种弥散溶液。磁性液体既具有液体的特性又具有固体磁性材料的特点。因此,为机电制造、电子设备、仪器仪表、石油化工和科学研究等方面提供了新的功能材料。

应用于旋转轴的密封,由于液态密封环,是完全柔软的,能防振,无机械磨损,形成自润滑,使用寿命长。可在 $(2\sim1.2)\times10^5$ r/min 范围内正常运转,能用于 1.33×10^{-6} Pa 真空系统。

磁性液体用作仪表阻尼时,可将仪表的运动线圈悬浮于磁性液体中或用磁性液体对仪表框轴进行润滑,这样能减小由于空气阻尼产生的粘滞摩擦,消除指针的摆动、振荡和制动时间过长的缺陷,提高仪表的精度。

在选矿方面,通过改变外加磁强度,可以使磁性液体的表观密度从小于 $1g/cm^3$ 到大于 $20g/cm^3$ 的范围内变化。利用这一特性几乎可以把元素周期表上所有固态元素的金属或矿物进行浮选分离。

磁性液体加入到高音喇叭的音圈磁隙之中,有效地解决音圈的散热问题。因为空气的导热系数是 $20.9 \times 10^{-3}\,\mathrm{W/(m \cdot K)}$，而磁性液体的导热系数是 $12.7 \times 10^{-2}\,\mathrm{W/(m \cdot K)}$，它的导热系数为空气的六倍。可提高扬声器的输出功率两倍以上。并且，由于磁性液体能对非磁性音圈进行排斥，使音圈能自动地定位于中心，进行单纯的轴向运动，减小频率失真现象有利于改善音质。

以碳氢化合物作基液的磁性液体与油混合而不与水相混合，可将漏在海面上的石油回收。在纺织品印染工业上，磁性染料完成染色工艺。

当宇宙飞船在太空航行时，飞船油船内的火箭发动机燃料就处于失重状态，如燃料内含磁性微粒，使其成为磁性燃料，能保证在失重条件下燃料可连续流动和容易被泵抽吸和排出。

2.4.4　磁屏蔽材料的应用

在一些场合，如小型通信机和电子仪器中，各种线圈或变压器装配位置紧密，必须进行电磁屏蔽。常用的磁屏蔽材料有纯铁、坡莫合金或铁硅铝合金等。为实现对特种电子管或电缆的屏蔽，常把磁屏蔽材料做成极薄的片材。为屏蔽电磁波，要用高电导率的 Cu 与坡莫合金做成复合体。此外，目前还采用非晶态合金作为磁屏蔽材料。图 2-33 为波尔表的磁屏蔽的机芯衬圈。

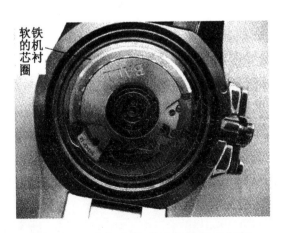

软铁的机芯衬圈

图 2-33　波尔表的磁屏蔽的机芯衬圈

参考文献

[1]王自敏.软磁铁氧体生产工艺与控制技术[M].北京:化学工业出版社,2015.

[2]李长青,张宇民.功能材料[M].哈尔滨:哈尔滨工业大学出版社,2014.

[3]张骥华.功能材料及其应用[M].北京:机械工业出版社,2009.

[4]赵海涛,马瑞廷.纳米镍铁氧体复合吸波材料[M].北京:化学工业出版社,2015.

[5]白书欣,李顺,张虹.粘结 Nd-Fe-B 永磁材料制造原理与技术[M].北京:科学出版社,2014.

[6]李延希.功能材料导论[M].长沙:中南大学出版社,2011.

[7]布朗.磁性物理学和磁性材料[M].北京:世界图书出版公司,2013.

[8]邓少生,纪松.功能材料概论——性能、制备与应用[M].北京:化学工业出版社,2011.

[9]林建华,荆西平.无机材料化学[M].北京:北京大学出版社,2006.

第3章　非晶态材料制备工艺

非晶态合金也称"金属玻璃"是指极高速度下使熔融状态的合金冷却,凝固后的合金结构呈玻璃态。1960年,美国加州理工学院的 P·杜威兹教授在研究 Au-Si 二元合金时,以极快的冷却速度使合金凝固,得到了非晶态的 Au-Si 合金。这一发现对传统的金属结构理论是一个不小的冲击。由于非晶态合金具有许多优良的性能,如高强度、良好的软磁性及耐腐蚀性能等,它一出现就引起了人们极大的兴趣。随着快速淬火技术的发展,非晶态合金的制备方法不断完善。

3.1　非晶态材料概述

非晶态材料也称为无定形或玻璃态材料,这是一大类刚性固体,具有和晶态物质可相比较的高硬度和高粘滞系数(一般在 10^{13} P,即 10^{12} P·S 以上,是典型流体的粘滞系数的 10^{14} 倍)。

非晶态金属合金是在超过几个原子间距范围以外,不具有长程有序晶体点阵排列的金属和合金,也称为玻璃态合金或非结晶合金,其原子排列如图 3-1 所示。

非晶态材料的种类很多,一般包括以非晶态半导体和非晶态金属为主的一些普通低分子的非晶态材料。从广义上理解,非晶态材料还应包括传统的氧化物玻璃、非氧化物玻璃和非晶态聚合物等等。

已知晶态材料具有各种规则的晶体结构,晶体原子排列的最主要特点是空间排列的周期性和对称性。晶体的这一根本特征又称为原子排列的长程有序,简称长程序。多种衍射实验(X射线衍射、电子衍射、中子衍射等等)都证实了这一性质的存在。

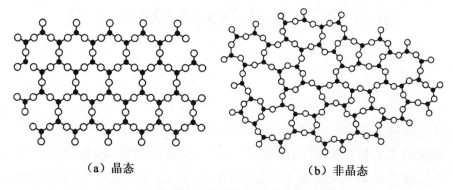

（a）晶态　　　　　　　　　　（b）非晶态

图 3-1　晶态与非晶态原子排列示意图

非晶态半导体除了在结构上具有无序性,在组分上也是无序的。为便于说明,图 3-2(a)为多晶体对单色 X 射线的衍射,所得的衍射图像如图 3-2(b)所示,是以入射线为轴的一系列同心圆环。

（a）多晶体对单色
X射线的衍射

（b）衍射图象

图 3-2　多晶体对 X 射线的衍射图

若在上述衍射实验中,用一块非晶态材料取代晶体,则得到如图 3-3 所示的衍射图案。这种衍射图案都是由宽的晕及弥散的环所组成的,没有表征结晶程度的任何斑点及鲜明的环。

图 3-3　非晶态材料的衍射环图

非晶态材料中原子排列呈现出一定的几何特征。在许多非晶态材料中，仍然存在着近邻配位情况，形成配位数和结构一定的单元。例如，在非晶锗中保留着锗四面体的结构单元，包括配位数、原子间距、键长和键角等特定原子近邻数，如图 3-4（a）所示。又如在非晶态 Pd_4Si 合金、非晶态 Pd_4Ge 合金和非晶态 Co_4P 合金中还保留着相应晶态合金中的三棱柱体的结构单元，如图 3-4（b）所示。但还需指出，非晶态材料中的这种短程有序的结构单元，或多或少都具有某种程度的变形。例如四面体的键长和键角有不同程度的变化范围，非晶硅中四面体的键长变化约为 5%，键角的变化约为 5°～10°。

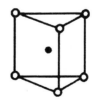

（a）四面体结构　　　　（b）三棱柱结构

图 3-4　四面体结构和三棱柱体结构图

近 20 多年来，由于非晶态材料优异的物理、化学特性和广泛的技术应用，使其得到了迅速的发展，成为一大类重要的新型固体材料。

3.2 非晶态固体形成理论

3.2.1 非晶态合金的结构

研究非晶态材料结构的方法主要是散射,通过散射的强度空间分布,计算出原子径向分布函数和两原子间距离等参数,如表 3-1 所示。最普遍的方法是 X 射线衍射及电子衍射,目前还拓展了 X 射线吸收精细结构(EXAFS)的方法研究非晶态材料的结构。EXAFS 和 X 射线衍射法相结合,对于非晶态结构的分析更为有利。

表 3-1 各种散射实验比较

辐射粒子	波段	波长	能量	实验方法
光子	微波	$1\sim100$cm	$10^{-4}\sim10^{-6}$eV	NMR,ESR
	红外	>770nm	<1.6eV	红外光谱,喇曼光谱
	可见	$380\sim770$nm	$1.6\sim3.3$eV	可见光谱,喇曼光谱
	紫外	<397nm	>3.1eV	紫外光谱,喇曼光谱
	X 射线	$0.001\sim10$nm	1240eV$\sim$124keV	衍射,XPS,EXAFS
	γ 射线	<0.1nm	>12.4keV	穆斯堡效应,康普敦效应
电子	—	$0.1\sim0.0037$nm	150eV$\sim$100keV	衍射
中子	冷中子	>0.4nm	<5meV	SAS,INS,衍射
	热中子	$0.05\sim0.4$nm	$5\sim330$meV	衍射,INS
	超热中子	<0.05nm	<330meV	衍射,INS

注:NMR—核磁共振;ESR—电子自旋共振;XPS—X 射线光电子谱;EXAFS—扩展 X 射线吸收精细结构;SAS—小角度散射;INS—滞弹性中子散射。

图 3-5 为气体、固体、液体的原子分布函数。径向分布函数为

$$J(r)=\frac{N}{V}\cdot g(r)\cdot 4\pi r^2$$

式中，$\frac{N}{V}$ 为原子的密度。

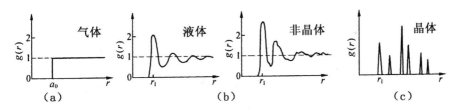

图 3-5　气体、固体、液体的原子分布函数

为了进一步了解非晶态的结构，通常利用两大模型归纳非晶态的原子排序，分别为微晶模型和拓扑无序模型。

1. 微晶模型

非晶态材料是由晶粒非常细小的微晶组成，大小为十几至几十埃，如图 3-6(a)所示。微晶模型认为微晶内的短程有序结构和晶态相同，但各个微晶的取向是杂乱分布的，形成长短无序结构。从微晶模型按 hcp、fcc 不同方式计算得出的双体分布函数 $g(r)$ 结果如图 3-7 所示。

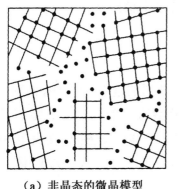
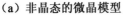
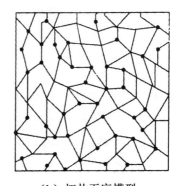

（a）非晶态的微晶模型　　　　（b）拓扑无序模型

图 3-6　非晶态的微晶模型和拓扑无序模型

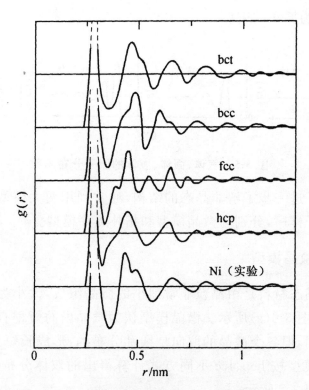

图 3-7　微晶模型得出的径向分布函数与
非晶态 Ni 实验结果的比较

2. 拓扑无序模型

拓扑无序模型主要特征是原子排列的混乱和无序,如图 3-6(b)所示。在这一前提下,拓扑无序模型有多种形式,主要有无序密堆硬球模型和随机网络模型。无序密堆硬球模型仅由五种不同的多面体组成,称为贝尔纳多面体(图 3-8)。这些多面体虽然不规则但却是连续的堆积。

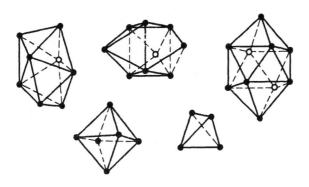

图 3-8 贝尔纳多面体

3.2.2 非晶态合金的特征

1. XRD 特征

在非晶态的金属、半导体和绝缘体中,结构单元的几何形状和化学组分的无序程度特征各异。即使相同的非晶态合金,由于制造方法和制成后所保存环境条件的不同,其结构单元的形状、分布和相互结合的方式也会发生微妙的变化。如图 3-9 所示,快速凝固制备的 $Ti_{50}Al_{10}Cu_{40}$ 合金:曲线 1 为制备的无定形态 $Ti_{50}Al_{10}Cu_{40}$ 合金;曲线 2 是在 673K 保温 65min 退火的 $Ti_{50}Al_{10}Cu_{40}$ 合金样品;曲线 3 是在 873K 保温 65min 退火后的多晶体 $Ti_{50}Al_{10}Cu_{40}$ 合金。可以看出,多晶体 $Ti_{50}Al_{10}Cu_{40}$ 合金 XRD 衍射图谱与非晶态 $Ti_{50}Al_{10}Cu_{40}$ 金属玻璃的 XRD 衍射图谱有显著的不同,非晶态 $Ti_{50}Al_{10}Cu_{40}$ 金属玻璃衍射图谱有显著的宽化衍射峰,而多晶的 $Ti_{50}Al_{10}Cu_{40}$ 合金衍射图谱有显著的尖锐衍射峰。

2. 电子衍射特征

单晶体的电子衍射图呈规则分布的斑点,多晶态合金的电子衍射图呈一系列同心圆,非晶态合金的电子衍射图呈一系列弥散的同心圆。图 3-10 为单晶体、多晶体和非晶体电子衍射图。

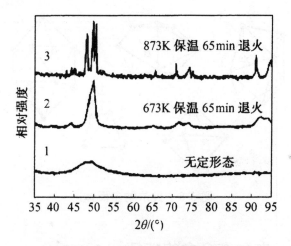

图 3-9　$Ti_{50}Al_{10}Cu_{40}$ 合金多晶态与

非晶态 XRD 衍射图谱

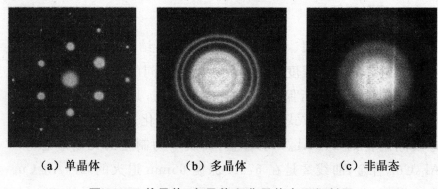

（a）单晶体　　　　（b）多晶体　　　　（c）非晶态

图 3-10　单晶体、多晶体和非晶体电子衍射图

3. 非晶态合金的结构弛豫

非晶态合金在低于玻璃化转变温度下退火,会发生化学短程序和拓扑短程序的变化,称为结构弛豫。在结构弛豫过程中,由于消除快速冷凝引起的自由体积的减少,改变了非晶态合金的密度和原子排列,因而伴随着一系列物理性能的变化。非晶态合金的密度变化甚小(约为 0.5%),但弹性模量变化较大,居里温度的变化约为 40K,电阻变化约为 2%。例如,Fe-Si、B、C 系非晶态合金在磁场中受热后会使磁场强度急剧减少,饱和磁化强度增大,

通过制备方法的改进和进行结构弛豫,可以改善磁性,但力学性能恶化,合金变脆。所以,某种物性的改变,往往伴随着其他物性的恶化,因此需要控制非晶态合金的结构单元的化学及几何上的短程结构,同时还必须确定合适的工艺参数,以便通过结构弛豫使结构单元的相互连接方式达到最佳。关于在原子级别上弄清结构弛豫的机制,受试验条件的局限,还无法得到充分的验证。

3.2.3　非晶态合金的形成

对于一种材料,需要多大的冷却速度才能获得非晶态,这是制备非晶态材料的一个关键问题。目前的判据主要有结构判据和动力学判据。若用经典的结晶理论来讨论非晶态的形成,可作出如图 3-11 所示的 TTT 图(C 曲线)判断非晶态。

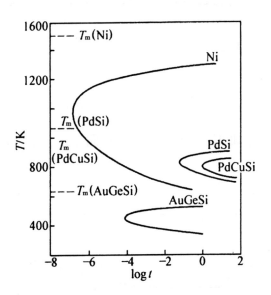

图 3-11　纯 Ni,Au$_{77.8}$Ge$_{13.8}$Si$_{8.4}$,Pd$_{82}$Si$_{18}$,
Pd$_{77.5}$Cu$_6$Si$_{16.5}$的 C 曲线

C 曲线的左侧为非晶态区,当纯金属或合金从熔化状态快速冷却时,只要能避开 C 曲线的"鼻尖"便可以形成非晶态。

1. 非晶态合金形成的热力学因素

（1）合金化效应

一般的非晶态合金由过渡金属（TM）和类金属（M）组成，其性质稳定，故容易制得非晶态合金。Au-Ge 系的平衡相图如图 3-12 所示，在接近共晶成分处，用较低的冷却速度或较小的过冷度就能得到非晶态合金。

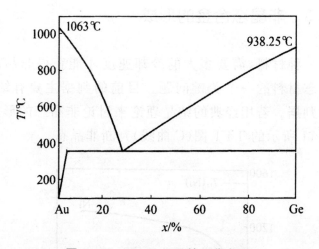

图 3-12　$Au_{1-x}Ge_x$ 系的平衡相图

在热力学上，非晶态合金的形成倾向于稳定性，通常用 $\Delta T_g = T_m - T_g$ 或 $\Delta T_s = T_s - T_g$ 来描述。其中，T_g 为非晶态转变温度；T_s 为结晶开始温度，如图 3-13 所示。

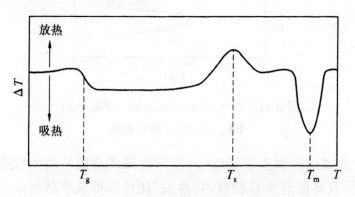

图 3-13　结晶速率与温度关系示意图

　　将金属合金从高温液态慢慢冷却下来,在凝固点温度发生结晶形成具有多晶结构的固体。纯金属冷却时在熔点 T_m 附近凝固,此时体积不连续地变化,如图 3-14 所示。熔体冷却引发从 A 到 B 的体积变化是熔体体积随温度变化的结果。连续冷却,温度达到 T_m 时,形成固态多晶金属,此时,由于固态金属体积一般比熔体金属体积要小,所以产生了 B 到 C 的体积收缩 ΔV_1。结晶完成之后,随温度的继续降低,体积再由 C 减少到 D。一般情况下,固体的体积与温度关系曲线的斜率要比熔体的小。

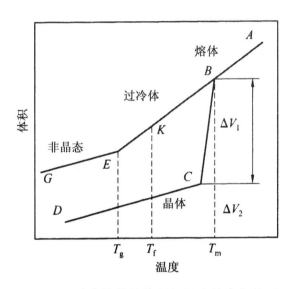

图 3-14　过冷熔体的体积与温度的变化关系

(2)原子的相互作用

　　对于二元 $A_{1-x}B_x$ 而言,当 $x \ll 1$ 时,则由原子 A 和原子 B 之间的相互作用所导致的溶液的熔点下降可表示为

$$\Delta T = \frac{RT}{\Delta S_m}\Big[-\ln(1-x) - \frac{\Omega}{RT}x^2\Big]$$

式中,R 为气体常数;ΔS_m 为摩尔熔融熵;Ω 为相异原子间的结合能。其中,$\ln(1-x)$ 第一项是由原子理想混合状态下所引起的温度下降,$\frac{\Omega}{RT}x^2$ 则是由相异原子间的相互作用所导致的熔点下降。

非晶态合金的形成倾向和稳定性随类金属含量的增加而提高,这是由过渡金属和类金属原子之间的强相互作用所引起的。另外,由于杂质与主要元素间强烈的原子相互作用,杂质的加入可降低 T_m,从而引起过冷度的降低以及原子尺度的不均匀导致结晶过程的动力学阻滞。

2. 非晶态合金形成能力的判据

非晶态合金形成能力与材料的熔点、非晶态转变温度及形核势垒 ΔG 等热力学参数有关。下面介绍几种非晶态合金形成能力的判据。

(1)约化玻璃转变温度 T

根据传统的形核理论,约化玻璃转变温度 $T_r = T_g/T_m$ 可作为评定任意合金形成非晶态合金能力的参数。通常,非晶态合金的 $T_r \geqslant 0.60$,见表3-2。

表3-2　常见合金 T 值的大小

合金	玻璃转变温度 T_g/K	熔点 T_m/K	约化玻璃转变温度 T_r/K
$Zr_{66.5}Cu_{33.5}$	631	1273	0.50
$Zr_{34}Cu_{66}$	762	1270	0.60
$La_{55}A_{125}Ni_{20}$	487	707	0.69
$Zr_{60}Ni_{20}Cu_{20}$	665	1108	0.60
$Pd_{40}Cu_{30}Ni_{10}P_{20}$	620	1029	0.60
$Pd_{78}Cu_6Si_{16}$	571	793	0.72
$Pd_{60}Cu_{20}P_{20}$	596	917	0.65
$Zr_{65}Al_{7.5}Ni_{10}Cu_{17.5}$	622	1072	0.58
$Zr_{41.2}Ti_{13.8}Cu_{12.5}Ni_{10}Be_{22.5}$	625	993	0.63

（2）临界冷却速率 R_c

将非晶态合金加热，随后用不同的速率冷却到不同的温度 T 后保温至检测到晶化，这样可以绘出非晶态合金从熔点到玻璃转变温度 T_g 的整个温度区间内过冷液体晶化的时间-温度-转变（TTT）图，如图 3-15 所示。

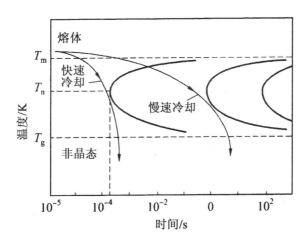

图 3-15　非晶态合金的 TTT 曲线图

临界冷却速率 R_c 被定义为刚好避开合金 CCT 或 TTT 曲线鼻尖时的冷却速率，即

$$R_c = (T_m - T_n)/t_n$$

式中，T_m 为熔点；T_n、t_n 为 TTT 曲线鼻尖处所对应的温度与时间。

（3）戴维斯（Davies）判据

合金可在 $10^5 \sim 10^7 \mathrm{K/s}$ 下形成非晶态合金。混合熔点 $\overline{T}_m$，定义 $J = (\overline{T}_m - T_m)/T_m$ 为熔点低相对偏移，则戴维斯判据可叙述为：当 $J > 0.2$ 时，合金可在 $10^5 \sim 10^7 \mathrm{K/s}$ 下形成非晶态合金。混合熔点 $\overline{T}_m$ 可表示为

$$\overline{T}_m = T_m^{TM} \cdot x_{TM} + T_m^{M} \cdot x_M$$

式中，T_m^{TM} 为过渡金属的熔点；T_m^{M} 为类金属的熔点；x_{TM} 为过渡金属的原子数分数；x_M 为类金属的原子数分数。

　　戴维斯对某些元素和合金的计算表明,所需的临界冷却速率越低,则越容易形成非晶态合金,如图 3-16 所示。

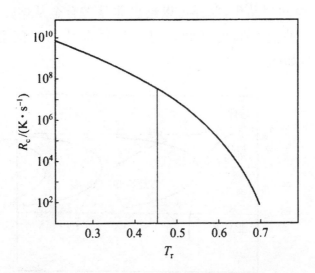

图 3-16　临界冷却速率与约化转变温度的关系

(4)尼尔森(Nilsen)判据

合金的升华焓为

$$\Delta H_S = H_S^{TM} \cdot x_{TM} + H_S^M \cdot x_M$$

式中,H_S^{TM} 为过渡金属的升华焓;H_S^M 为类金属的升华焓。

　　若非晶态转变温度 T_g 是升华焓的函数,则尼尔森判据可表示为:当 $0 \leqslant x_M \leqslant 0.40$ 及 $T_g/T_m \geqslant 0.50$ 时,可形成非晶态合金。对大多数二元合金而言,该判据与戴维斯判据所得的结果一致。

(5)化学键参数

　　为了总结了二元非晶态合金形成条件的规律,可引用"图像识别"技术,如图 3-17 所示,横坐标 $|\delta_{pA} - \delta_{pB}|$ 是 A,B 两组元电负性差的绝对值,$(\Delta \delta_p)_A$ 是 A 组元的电负性偏离线性关系的值。

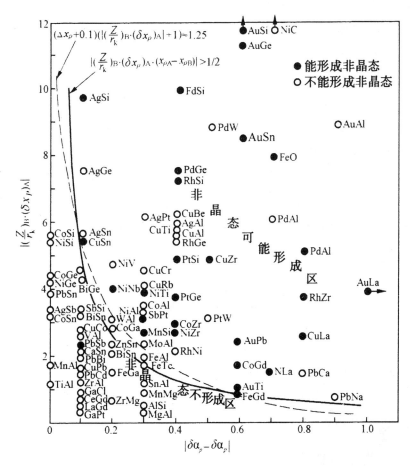

图 3-17　二元系形成非晶态合金的键参数判别曲线

3.3　非晶态材料的制备

制备非晶态材料的方法很多,最常见的方法是熔体急冷和气相淀积(如蒸发、离子溅射、辉光放电等)。近年来又发展了离子轰击、强激光辐射和高温爆聚等新技术,并已能大规模连续生产。

一些具有足够黏度的液体,经快速冷却即可获得其玻璃态。1960年P·杜韦斯等人利用很高的冷却速率,将传统的玻璃工艺发展到金属和合金,制成对应的非晶态材料,称之为金属玻璃或玻璃态金属。当射频加热线圈将样品熔融时,开启阀门,加压气流(如He、N、Ar等)冲破聚酯膜片,使样品从石英坩埚下端的喷嘴急速喷射到冷却铜块上,冷却速率可达 10^5 K/s 以上,以获得其非晶态。除少数比较容易形成玻璃态的合金(如 Pd-Cu-Si、Pd-Ni-P、Pt-Ni-P 等)以外,大部分金属玻璃的冷却速率都相当高,一般为 $10^5 \sim 10^8$ K/s,厚度在 $50\mu m$ 以内,也有先制成几十微米以内的非晶态细颗粒,再压结成块状非晶合金的。下面按非晶态合金的形态介绍几种主要的制备方法。

3.3.1 非晶态合金膜的制备

非晶态合金膜具有独特的表面电子结构,高密度的低配位活性中心,以及化学均一性和高的催化活性。十多年来,不仅在催化,而且在分离领域已引起人们的广泛兴趣。现在介绍几种非晶态合金膜的制备方法。

1. 真空蒸镀法

真空蒸镀法(Vacuum Evaporation Deposition)已成为常用的镀膜技术之一,其设备结构如图 3-18 所示。在高真空($133.3\mu Pa$)下,蒸发物质如金属、化合物等置于坩埚内或挂在热丝上作为蒸发源,将非晶态合金基片置于坩埚前方。待系统抽至高真空后,加热坩埚使其中的物质蒸发,蒸发物的原子或分子以冷凝方式沉积在基片表面。薄膜厚度可由数百埃至数微米,膜厚取决于蒸发源的蒸发速率和时间(或装料量),并与源和基片的距离有关。对于大面积镀膜,常采用旋转基片或多蒸发源的方式以保证膜层厚度的均匀性。从蒸发源到基片的距离应小于蒸气分子在残余气体中的平均自由程,以免蒸气分子与残气分子碰撞引起化学作用。蒸气分子的平均动能约为 0.1~0.2eV。

真空蒸镀法的优点是设备和工艺比较简单,冷却速度较快,可以制取纯金属非晶态薄膜;缺点是蒸镀速度太慢为 0.5~1nm/s,且膜的致密度低。

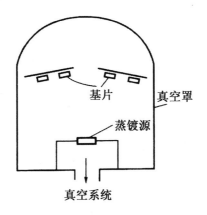

基片　真空罩

蒸镀源

真空系统

图 3-18　真空蒸镀法示意图

2. 溅射法

溅射法又称溅镀(Cathode Sputtering),在 1.3~0.1Pa 真空度下利用高能粒子轰击固体表面(靶材),使靶材表面的原子或原子团获得能量并逸出表面,并在基片(工件)表面沉积形成薄膜的方法,分为高频溅镀和磁控溅镀。常用的溅射设备如图 3-19 所示,通常将欲沉积的材料制成板材作为靶,固定在阴极上,待镀膜的工件置于正对靶面的阳极上,距靶几厘米。系统抽至高真空后充入 1~10Pa 惰性气体(通常为氩气),在阴极和阳极间加几千伏电压,两极间即产生辉光放电。放电产生的正离子在电场作用下飞向阴极,与靶表面原子碰撞,受碰撞从靶面逸出的靶原子称为溅射原子,其能量在一至几十电子伏范围。溅射原子在工件表面沉积成膜。此法的优点是有较高沉积速度,为 1~10nm/s,可得较厚膜;缺点是基板温度上升快。该方法是目前获得非晶态合金膜的一个主要方法。

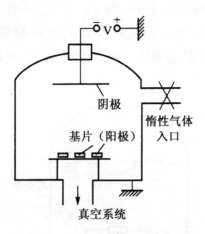

图 3-19　阴极溅射法示意图

3. 化学气相沉积法

化学气相沉积法（Chemical Vapour Deposition，CVD）是指通过气相化学反应生成固态产物并沉积在固体表面的方法，此法主要用来制取碳化硅、氧化硅、硼化硅等非晶态薄膜。典型的化学气相沉积系统如图 3-20 所示。将两种或两种以上的气态原材料导入反应沉积室内，通过气体间发生化学反应，沉积至基片表面上，并在基板上析出反应生成物而获得薄膜。

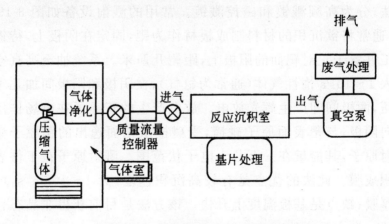

图 3-20　化学气相沉积法示意图

3.3.2　非晶态合金粉末和纤维的制备

1. 双辊法

从图 3-21 以看出,当辊速足够大时,在双辊分离区形成较大负压,将固化的非晶态合金进行粉碎。另一种方式是在带辊分离处设置一个高速转轮,使固化非晶态破碎成粉末,如图 3-22 示。实际上双辊法获得的是片状粉末。

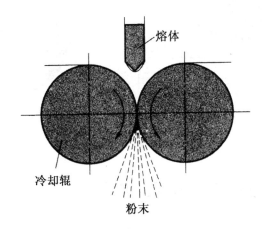

熔体

冷却辊

粉末

图 3-21　双辊法(Ⅰ)

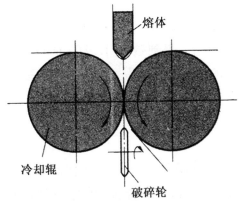

熔体

冷却辊

破碎轮

图 3-22　双辊法(Ⅱ)

2. 熔体抽取法

利用辊轮状冷却体边缘与熔体表面的接触,在离心力作用下使熔液甩出呈纤维状。用不同形状的辊轮,可以得到相应形状的非晶态合金纤维,但是此法更多地用来制造微晶或晶态纤维材料。熔体抽取法分为图 3-23 的两种方式。

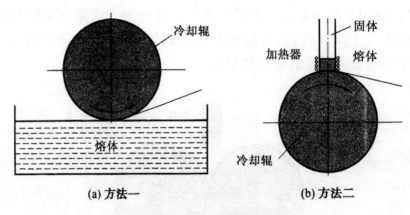

(a) 方法一　　　　　(b) 方法二

图 3-23　熔体抽取法

3.3.3　非晶态合金箔的制备

1. 枪法

如图 3-24 所示,在低压氩气保护下熔融的合金液珠,用高压氩气将其喷射到铜板上,得到数微米级的非晶态合金箔。此方法可获得约 10^9 K/s 的冷却速度,是液态急冷方法中冷却最快的一种,也是早期研究非晶态合金的制备方法之一。

2. 活塞-砧法

如图 3-25 所示,熔融状的合金液珠在活塞与砧(或类似结构)的撞击下形成圆形箔片非晶态合金,单片质量可达数百毫克。箔片存在极大的应力,但厚度尺寸均匀,一般厚度小于 $50\mu m$。故其所需合金数量极少,是一种试验研究用的工艺手段。

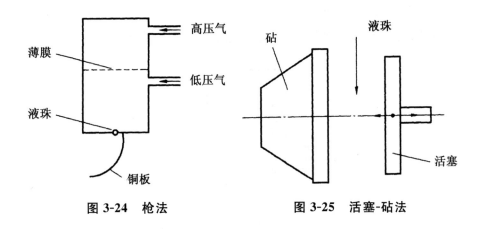

图 3-24　枪法　　　　　　　图 3-25　活塞-砧法

3.3.4　非晶态丝材的制备

1. 液中拉丝法

如图 3-26 所示,熔融合金从圆嘴喷出,靠液体吸热而冷却固化成为非晶态,其冷却速度约为 10^4 K/s,只适于制备一些要求冷速不太高的非晶态合金丝。

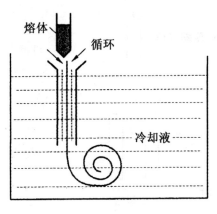

图 3-26　液中拉丝法

2. 旋转液中喷丝法

旋转液中喷丝法装置如图 3-27 所示,控制合适的工艺参数可以获得非晶态合金细丝。此法适宜制备具有优良力学性能的细丝,其特点是能够得到圆形截面的非晶态合金细丝。

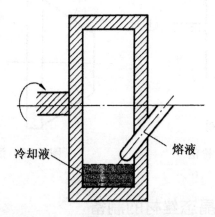

图 3-27　旋转液中喷丝法装置

3. 液体急冷法

通过急冷获得非晶态的方法统称为液体急冷法。图 3-28 为液体急冷法制备非晶态合金薄片的示意图。

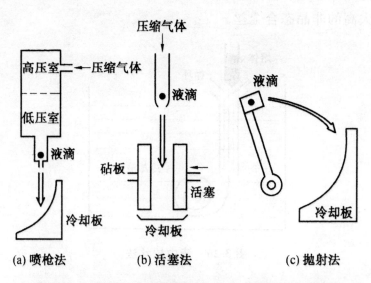

(a) 喷枪法　　　　　(b) 活塞法　　　　　(c) 抛射法

图 3-28　液体急冷法制备非晶态合金薄片的示意图

制备连续非晶态薄带的基本工艺是将各种加热方法熔化的母合金,通过一定形状的喷嘴喷射到高速旋转的急冷体表面,主要依靠接触导热,使熔融合金以 $10^6 K/s$ 的冷却速度高速固化成非晶态合金条带。制作急冷装置的方法主要分为双辊法和外圆法。此外在工业上实现批量生产的是用液体急冷法制非晶态带材,其主要方法如图 3-29 所示。

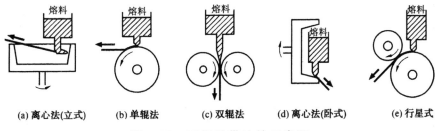

| (a) 离心法(立式) | (b) 单辊法 | (c) 双辊法 | (d) 离心法(卧式) | (e) 行星式 |

图 3-29　双辊引带法的示意图

目前较实用的是单辊法,产品宽度在 100mm 以上,长度可达 100m 以上。图 3-30 是非晶态合金生产线示意图。

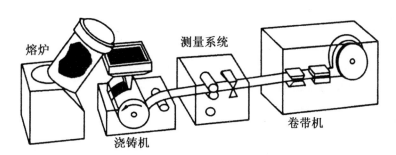

图 3-30　非晶态合金生产线示意图

3.3.5　块体非晶态合金的制备方法

自 1988 年以来,开发了一系列合金,见表 3-3。表中给出了一些具有代表性的大块非晶合金,大致可分为铁磁性和非铁磁性两大类。

表 3-3　大块非晶合金系

合金系		最大厚度 t/mm	临界冷速 $R_c/(K \cdot s^{-1})$	发现年代
非铁磁性	Mg-Ln-M(Ln-镧系金属,M-Cu,Ni,Zn)	≈10	≈200	1988
	Ln-Al-TM(TM-Ⅵ~Ⅷ过渡族金属)	≈10	≈200	1989
	Ln-Ga-TM	—	—	1989
	Zr-Al-TM	≈30	1~10	1990
	Zr-Ti-Al-TM	—		1990
	Ti-Zr-TM	—		1993
	Zr-Ti-TM-Be	≈30		1993
	Zr-(Nb,Pd)-Al-TM	—	1~5	1995
	Pd-Cu-Ni-P	≈75	—	1996
	Pd-Ni-Fe-P	—		1996
	Pd-Cu-B-Si	—	0.13	1997
	Ti-Ni-Cu-Sn	—		1998
铁磁性	Fe-(Al,Ga)-(P,C,B,Si,Ge)	≈3	≈400	1995
	Fe-(Nb,Mo)-(Al,Ga)-(P,B,Si)	—		1995
	Co-(Al,Ga)-(P,B,Si)	—		1996
	Fe-(Zr,Hf,Nb)-B	≈6		1996
	Co-Fe-(Zr,Hf,Nb)-B	—		1996
	Ni-(Zr,Hf,Nb)-(Cr,Mo)-B	—		1996
	Fe-Co-Ln-B	—		1998
	Fe-(Nb,Cr,Mo)-(P,C,B)	—		1999
	Ni-(Nb,Cr,Mo)-(P,B)	—		1999

1. 水淬法

水淬法是将合金放在石英管中并感应加热熔化,最后连同石英管一起淬入流动水中,以实现快速冷却,形成大体积非晶态合金。但是,用这种方法制备大体积非晶态合金时,在液态合金和管壁之间容易发生反应,造成合金的污染。

2. 悬浮熔炼法

电磁感应悬浮熔炼装置原理如图 3-31 所示。将所熔炼的合金炉料置于感应线圈所形成的高频交变电场中,利用通水冷却的金属坩埚使磁场能量集中于坩埚容积空间,在炉料的表层附近形成强大的涡电流使炉料熔化,同时金属由于受到强大的电磁力作用而悬浮于空中。合金熔化后吹入惰性气体,使其冷却、凝固。利用悬浮熔炼法,合金熔融时呈悬浮状态,与坩埚不接触,避免了坩埚对熔料的污染。由于受到强烈的电磁搅拌作用,熔体具有更好的成分均匀性,保证了合金成分的准确。

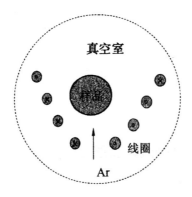

图 3-31　电磁感应悬浮熔炼装置原理示意图

　　除采用电磁感应悬浮熔炼法外,还可以采用静电悬浮熔炼法,其原理如图 3-32 所示。该法的优点是悬浮试样与加热系统是分开的,因而与磁悬浮熔炼相比,冷却速度可以更快。

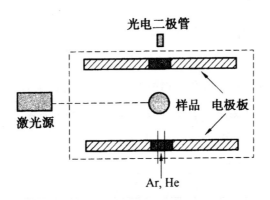

图 3-32　静电悬浮熔炼装置原理示意图

3.4 典型非晶态合金及其应用

在日常生活中人们接触的材料一般有两种：一种是晶态材料，另一种是非晶态材料。在非晶态合金的应用中，最早考虑到这种新型材料的机械性能和强度性能，把这类材料用于简单的日常生活中。后来发现，非晶态合金具有非常好的磁特性，从此，非晶态合金的研究和应用便得到了重视。

目前，非晶态合金在磁性器件方面的应用不仅取得了很大的进展，而且取得了极大的经济效益，在电器、兵器、机械等方面也都有了很好的应用。

3.4.1 典型的非晶态合金

1. 软磁铁心

利用非晶合金的软磁特性可以在许多需使用软磁的器件中代替原来的晶态软磁材料。如配电变压器，每天 24 小时长期运作，要求高磁感，低损耗。非晶合金的铁损只有硅钢的 $1/10\sim1/5$，激磁电流仅为硅钢片的 $1/12\sim1/8$，总能量损耗可减少 $40\%\sim60\%$。用非晶 $Fe_{80}B_{20}$ 和硅钢制作的 $10kVA$ 变压器性能比较见表 3-4，激磁电流和空载损耗大大降低，效率明显提高。

表 3-4　$Fe_{80}B_{20}$ 和硅钢制作的 $10kVA$ 变压器性能比较

材料	芯损/W	负载损耗/W	效率(%)	铜温升/℃	激磁电流(%)	总重/kg	油/L	空气中铁心温升/℃
硅钢	<58	170	>97.3	<55	<3.0	95	23	34
$Fe_{80}B_{20}$	11.8	172	98.2	39	0.15	115	22	4

脉冲变压器常用于微波、电视信号和自动控制设备中。

要求较小的漏感和分布电容,铁心以往由晶态的坡莫合金(per-malloy)或铁氧体材料制造。根据感生各向异性理论进行热处理,可得到性能优异的非晶材料,其脉冲性能超过同种晶态材料的十倍。

用非晶态合金条带制造磁滞电机的转子或电动机定子的铁心也是可考虑的研究方向。

2. 开关电源和磁放大器

不同的开关要求不同的磁滞回线,当铁心的饱和磁化强度正负变化时,需要同时具有低的动态矫顽力和磁损耗的方形回线材料。开关型电源正向 100kHz 的频率范围发展,细晶粒各向同性结构、小损耗需要 0.015~0.03mm 的薄带。以 $Fe_{40}Ni_{40}$ 为基的非晶态合金有高的感生各向同性,极平的磁滞回线($Br/B_1 \approx 0.01$),$Bs \approx 0.77T$。使用温度达 120℃,在 100kHz 损耗低于标准的 MnZn 铁氧体。

要求方形磁滞回线的磁放大器铁心,以往也使用坡莫合金。钴基非晶低磁致伸缩合金经纵向磁场的磁场退火处理可以得到方形回线,使用频率可超过 100kHz,温度可达 80℃。

3. 磁头

磁头是磁记录系统中的关键部件,如录音、录像、计算机中磁头。要求高磁导率、高磁感、良好的热稳定性、耐磨性和耐蚀性。由于技术的发展,对磁头的要求日益提高,原来的常规材料坡莫合金、铁磁、铝磁合金、铁氧体等都不能满足新型磁头的要求。

目前磁头的非晶合金如 $(Co_{0.90}Fe_{0.06}Ni_{0.02}Nb_{0.02})_{78}Si_{22-x}B_x$,其磁导率可达 22×10^5。而 Fe-Si-Al 仅为 0.3×10^5,坡莫合金的最高值为 10×10^5;非晶合金的硬度(HV900)远高于 Fe-Si-Al(HV500)和坡莫合金(HV200~300);耐磨性极好,与 Fe-Si-Al 相当,磨耗量约为坡莫合金的 1/10。由于录放同用一个磁头,则要求磁头合金要兼顾高磁导率的同时,具有高磁感。目前,这方面已有很多探索。

4. 延迟线

各种超高频系统要求十分之几纳秒到几十微秒的可变延迟。非晶态合金可获得高的磁致伸缩和低的各向异性,从而在低偏场下,可获得比较大的延迟变化,这种非晶合金制成的由磁致伸缩调谐的表面声波器件相当合适。

5. 钎焊

现在镍基非晶钎焊合金已系列化和商业化。这种钎焊无粘剂污染,钎焊质量高,可实现点焊。如 MBF-30/30A 在高温和室温下都有高强度,可用于不锈钢和耐热钢的焊接,已应用于航空喷气发动机中焊接。MBF-60/60A 已用于核反应堆中低应力到中等应力部件的钎焊,及铜、铁和镍基合金的钎焊。

6. 热敏器件

热敏磁性材料的磁性对温度敏感,居里温度较低并接近于工作温度。这类材料多数是软磁材料,故一般磁导率较高,矫顽力较低。通常要求饱和磁感应强度 B_m 的温度系数大,居里温度低,接近于工作和环境温度,比热容小,散热或吸热快,易加工。晶态有 NiCu、NiCr 等合金,热敏铁氧体有 MnZn、NiZn、MnCu 等。但其饱和磁感强度低,在居里温度附近的磁导率变化较小,热导率低,热响应迟缓。$(T_{1-a}Cr_a)_{100-z}X_z$(T=Fe 或 Co,X=P 或 B 或 Si,至少一种)。当 $0.05 \leqslant a \leqslant 0.20, 15 \leqslant z \leqslant 30$ 时的非晶合金具有优异的热敏特性,性能优于晶态合金和铁氧体材料。用于保护架空线,在温度低于热敏材料的居里温度时,磁性变为铁磁,热敏材料中产生磁滞损耗,使外包皮次级回路(铝皮)产生感应电流发热,这两项都产生热,可防止电线结冰。温度升高,恢复原状。将热敏磁心做多谐振荡器或电容回授振荡器电路的电感元件,随温度变化,电感变化,使振荡频率变化,当达一定温度时,使振荡停止。

可实现过热监视。

3.4.2　非晶态合金的应用

非晶态合金的应用已经非常广泛,越来越多地取得了实验性和工业性实验结果。如图 3-33 所示是非晶态合金的应用范围。下面主要介绍几种非晶态在电器、兵器上的应用。

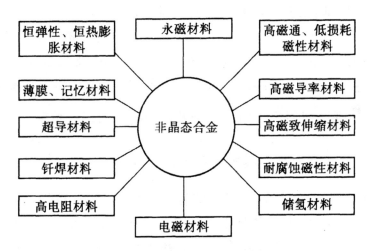

恒弹性、恒热膨胀材料

永磁材料

高磁通、低损耗磁性材料

薄膜、记忆材料

超导材料

钎焊材料

高电阻材料

非晶态合金

高磁导率材料

高磁致伸缩材料

耐腐蚀磁性材料

储氢材料

电磁材料

图 3-33　非晶态合金的应用范围

1. 非晶态合金在电器方面的应用

近年来,随着电力技术的飞速发展,非晶态合金无论是从方法和技术工艺都能够满足复杂形状消费电子产品的制备要求,很好实现消费电子产品所追求的更小、更薄、更轻的目标,是国内少数具备全球领先水平、符合"中国制造 2025"方向的新材料品种。

（1）非晶态合金片式电抗器

非晶态合金片式电抗器有两种:一种是采用集成电路加工方法制成的,由非晶态合金薄膜、绝缘薄膜和导电薄膜组成,导电薄膜用光刻法加工成导电绕组,根据导电绕组形状分为螺旋线式和平行线式两种,电感为 $21\sim1500\mu H$,工作频率为 $4.4\sim80.6MHz$,品质因数为 $4.4\sim9.9$;另一种是用非晶态合金线和铜线编织而成的,电感为 $100 \mu H$ 左右,工作频率为 $500kHz \sim 1MHz$,品质因数为 $2 \sim 9$。

(2)非晶态合金在开关电源中的应用

在电子技术中,非晶态合金以其高效、低损耗、高导磁等优异的物理性能得到广泛的应用。在开光电源中,非晶态合金在较高频率下具有较低的损耗,较高的磁通密度和较低的矫顽力,因此其市场需求大,前景非常广阔。

此外,非晶态合金在直流变压器、小功率脉冲变压器、电磁传感器、电动机等方面也应用广泛。在电磁传感器中,传感探头铁芯采用非晶态合金,比原选用 IJ79 和 IJ50 坡莫合金稳定性好。该传感器探头结构简单、使用方便,成本仅是超声检测器的 $\frac{1}{20} \sim \frac{1}{10}$,现已应用于全国大部分城市交通自动控制系统。

2. 非晶态合金在兵器方面的应用

众所周知,武器的使用和储存环境极其复杂,特别是在沿海地区、坑道地区、密林丛林中受到诸如盐水、盐雾大气、酸、碱等各种气体的侵蚀。其中,以枪、炮、火箭等零件在冲击摩擦、振动等作用下,腐蚀摩擦尤为厉害。由此可见,兵器零件应具有高的耐腐蚀性、耐磨损性、耐烧蚀性以及抗冲击、摩擦等性能,是其完成设计功能的具体要求。

(1)铝合金零件表面处理上的应用

现代战争要求武器向轻量化方向发展,所以铝制品取代原先钢制品将是武器轻量化要求下的发展方向。但是铝及其合金材料性能不够理想,其耐腐性、耐冲刷及抗磨损性能较低,可焊性差,而铝不像钢铁那样可采用热处理方法提高其耐磨性,所以采用表面处理方法。在铝表面进行化学镀镍磷可提高耐磨性、防腐性及硬度,如长杆尾翼稳定脱壳穿甲弹的弹托、尾翼、尾杆等零件。这些零件是弹体的附加质量,将其减重对提高子弹威力有很大作用。此外,该化学镀层可提高铝合金抗腐蚀性。

（2）在坦克、装甲车上的应用

坦克、装甲车在战争中的工作环境非常恶劣,如高温烧蚀、热气冲蚀、热疲劳、高温磨损等,在发动机中的汽缸套、活塞、活塞环、增加叶片等关键零件,就必须适应如此恶劣的工作环境。由此可见,提高坦克发动机关键零件的耐磨、耐蚀性能十分重要。目前主要采取氮化法对其表面进行强化处理,但气体氮化工艺周期性长、效率低、耗能大、成本高。化学镀层与气体氮化相比,化学镀镍磷层硬度高、耐磨、耐蚀性好,不但能提高汽缸套的使用寿命,而且还可避免使用价格昂贵的专用钢,大大降低成本。

（3）在兵器生产中的应用

在兵器生产中,挤压铸造产品很多。挤压铸造时,每次挤压前都要在模具内表面涂上油质石墨涂料以利于脱模,但这种涂料既污染环境,又容易造成挤压件的质量问题。利用化学镀镍层的耐磨性、低摩擦性、不黏附性对模具进行表面强化处理,可提高模具的使用寿命,减少污染,保证产品质量。将生产中常用的切削刀具、丝锥、量具等表面进行化学镀镍强化处理,大大延长了使用寿命。此外,镍磷非晶态合金化学镀层对井下工作的三用阀进行表面处理,可大大提高耐蚀性,提高使用寿命,带来巨大的经济效益。

3. 非晶态合金的其他应用

在结晶材料中一般难以兼得的高强度、高硬度和高韧性可以在非晶态合金身上达到较好的统一。尤其是由金属和类金属组成的非晶态合金,由于这两种原子间很强的化学键合,使得合金的强度更大;合金中原子犬牙交错不规则的排列使得它具有较高的撕裂性能,即韧性较好。非晶态合金制品可以由液体金属一次直接成型,省去了铸、锻、轧、拉等工序,而且边角余料可全部回收,在能源和材料上都有很大的节约,故能大大降低其成本,有较大规模应用的潜在前景。目前非晶态合金已用于制作玻璃钢、轮胎、传送带、水泥制品、高压管道、压力容器、火箭外壳等的增强纤维,还用来制成储能用的大尺寸飞轮、飞机上的某些构件、体育用品,以及各种切削刀具和保安刀片等。

　　焊接在金属工件加工过程中往往是不可缺少的工序,许多工件的质量直接取决于是否可焊及焊接质量的高低。比如,涡轮发动机叶片的钎焊,常用的是粉末态焊料,是将该料调成胶状敷于待焊处再进行钎焊。现在国内用急冷法可以很容易地生产出镍基非晶态钎焊料履带(Ni-Cr-Fe-Si-B),它作为 1050℃～1100℃的高温钎焊料,用于涡轮发动机叶片、高温合金、不锈钢等材料的钎焊。钎焊接头在室温下平均强度可达 500MPa,在 600℃下平均强度可达 370MPa。

　　此外,非晶态合金在制作非晶态薄膜,以及在安全剃须刀片上的应用也极为广泛,采用非晶态合金的钓竿也已经面世,非晶态材料被广泛应用于电子、航空、航天、机械、微电子等众多领域中。如图 3-34 所示,超弹性工艺制备的块状非晶态合金齿轮。

图 3-34　超弹性工艺制备的块状非晶态合金齿轮

参考文献

　　[1]唐小真.材料化学导论[M].北京:高等教育出版社,1997.

　　[2]李长青,张宇民等.功能材料[M].哈尔滨:哈尔滨工业大学出版社,2014.

　　[3]张骥华.功能材料及其应用[M].北京:机械工业出版社,2009.

[4]殷景华等.功能材料概论[M].哈尔滨:哈尔滨工业大学出版社,2009.

[5]赵志凤,毕建聪,宿辉.材料化学[M].哈尔滨:哈尔滨工业大学出版社,2012.

[6]李延希.功能材料导论[M].长沙:中南大学出版社,2011.

[7]曾黎明.功能复合材料及其应用[M].北京:化学工业出版社,2007.

[8]于洪全.功能材料[M].北京:北京交通大学出版社,2014.

[9]邓少生,纪松.功能材料概论——性能、制备与应用[M].北京:化学工业出版社,2011.

[10]汪济奎,郭卫红,李秋影.新型功能材料导论[M].上海:华东理工大学出版社,2014.

第4章 纳米材料制备工艺

纳米科学技术是 20 世纪 80 年代末期诞生的新科技,1nm＝
10^{-9}m。纳米材料是指尺寸在 1～100nm 之间的超细微粒,是肉
眼和一般显微镜看不见的微小粒子。血液中的红血球大小为
6000～9000nm,一般细菌长度为 2000～3000nm,引起人体发病
的病毒尺寸一般为几十纳米,因此纳米微粒的尺寸比红血球小
100 多倍,比细菌小几十倍,与病毒大小相当或略小些,这样小的
物质只能用高倍显微镜观察。

4.1 纳米材料概述

4.1.1 关于纳米材料与纳米结构

如图 4-1(a)所示,在纳米材料的定义中,纳米尺度的下限为
原子或分子尺寸,纳米尺度的上限一般为 100nm,这样的划分可以
从表 4-1 中找出原因。当然,纳米尺度范围的确定不是十分严谨
的,涉及纳米材料定义的另一个重要概念是,纳米材料(nanometer
materials)应具有宏观材料(bulk materials)所不具有特异性能,
如果能满足这一点,几何尺寸超出 100nm 的材料也属于纳米材
料,反之,如果几何尺寸低于 100nm 的材料特性不明显,那也不一
定属于纳米材料。

纳米结构是与纳米材料密切相关的概念。当有些材料的自
身尺寸超出 100nm 很多,甚至达到微米级时,该材料中的一些亚

结构或精细结构(如孔穴、层、通道等等)仍在纳米尺度范围内,具有一些纳米材料的特性,我们称之为具有纳米结构的材料。在图4-1(b)中,4A 分子筛的整体尺寸是很大的,但其中含有 0.4nm 直径的微孔[图 4-1(c)]。

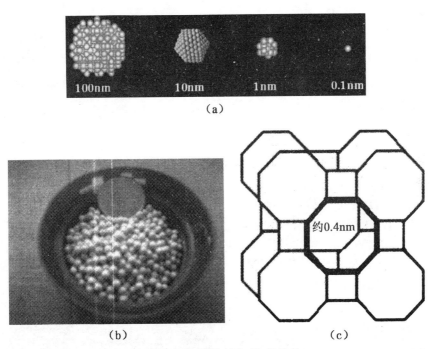

图 4-1　纳米材料与纳米结构

4.1.2　纳米材料的微结构及品质评价

纳米材料的微结构(microstructure)主要包括如下内容:颗粒大小(size)、颗粒的分散程度(dispersion)、颗粒大小的均匀性(homogeneity)、颗粒的几何形状或形貌(morphology)、颗粒排布的取向性(orientation)、颗粒的结晶问题以及颗粒的表面结构等,这方面的一些内容见图 4-2 至图 4-5。

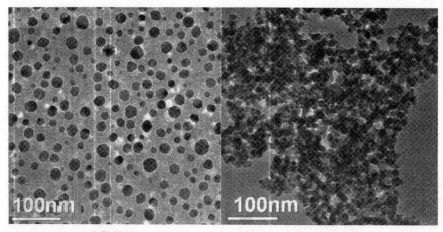

(a) 分散性好   (b) 分散性差

图 4-2　分散性好和分散性差的纳米粒子

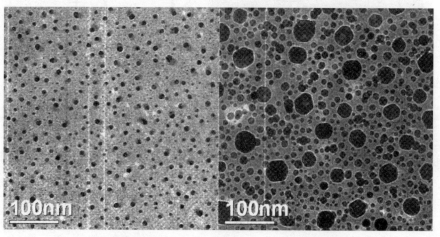

(a) 较为均匀   (b) 不均匀

图 4-3　颗粒大小较为均匀和不均匀的纳米粒子

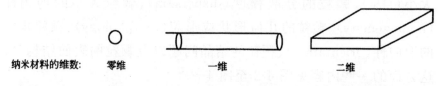

纳米材料的维数:	零维	一维	二维
有关几何形状:	种类较多	纳米管、线、棒、带、环等	纳米片、盘、薄膜(种类之一)等

(a) 总结归纳

图 4-4　纳米粒子的一些几何形状和形貌

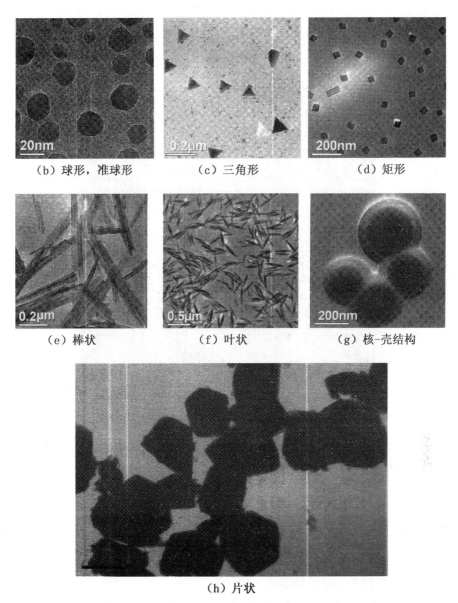

图 4-4　纳米粒子的一些几何形状和形貌(续)

　　纳米材料的微结构问题多半与纳米材料的品质评价有关。例如,颗粒合适的尺寸和几何形状、优良的分散性、均一性不仅是纳米材料研究中审美上的需要,更重要的还是这些微结构能够充分显示出纳米材料的一些重要的特性,包括表面效应、量子点功能等。但世界万事万物总有两面性,比如,纳米材料有时是需要团聚(aggregation)的,如生物学中的蛋白质构象问题,还有纳米材料在电极等电子器件中是不能过于分散的,否则会影响其导电能力。

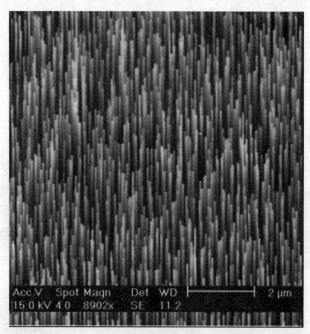

Acc.V Spot Magn Det WD   2 μm
15 0 kV 4 0 8902x SE 11.2

图 4-5　纳米颗粒排布的取向性——纳米线的有序排列

4.1.3　纳米材料的分类

从不同的角度,纳米材料可以划分成以下几类:

(1)按结构划分

①零维纳米材料:该材料在空间三个维度上尺寸均为纳米尺度,即纳米颗粒,原子团簇等。

②一维纳米材料:该材料在空间二个维度上尺寸为纳米尺度,即纳米丝、纳米棒、纳米管等,或统称纳米纤维。

③二维纳米材料:该材料只在空间一个维度上尺寸为纳米尺度,即超薄膜、多层膜、超晶格等。

④三维纳米材料,亦称纳米相材料(如,纳米介孔材料)。其结构分别如图 4-6 所示。

 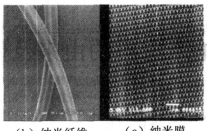 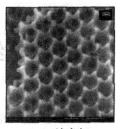

（a）纳米颗粒　　（b）纳米纤维　　（c）纳米膜　　（d）纳米相

图 4-6　纳米颗粒、纤维、膜、相

（2）按化学组分划分

按化学组分划分可分为纳米金属、纳米晶体、纳米陶瓷、纳米玻璃、纳米高分子和纳米复合材料。

（3）按材料物性划分

按材料物性划分可分为纳米半导体、纳米磁性材料、纳米非线性光学材料、纳米铁电体、纳米超导材料、纳米热电材料等。

（4）按应用划分

按应用划分可分为纳米电子材料、纳米光电子材料、纳米生物医用材料、纳米敏感材料、纳米储能材料等。

（5）按纳米材料有序性划分

按纳米材料有序性划分可分为结晶纳米材料及非晶纳米材料。纳米材料可以是单晶，也可以是多晶；可以是晶体结构，也可以是准晶或无定形相（玻璃态）；可以是金属，也可以是陶瓷、氧化物、氮化物、碳化物或复合材料。

4.2　纳米材料基本性质与特征

4.2.1　表面与界面效应

比表面积是纳米微粒重要的性质之一，其主要特征与纳米微粒表面结构有关。因为纳米结构在微粒表面产生了原子表面层，而且纳米微粒的比表面积很大,所以位于表面的原子占有相当大的比例,表面能也高。

从图 4-7 和图 4-8 中都可以大致看出,纳米材料的一个结构特征是纳米颗粒具有较多的表面原子。表 4-1 为部分统计结果,当颗粒在大约 4nm 以下时,纳米颗粒具有较多的表面原子,随着纳米颗粒直径的增加,表面原子百分比急剧下降,当达到纳米尺度的上限 100nm 时,表面原子仅占 2%左右。

图 4-7　纳米颗粒与表面原子

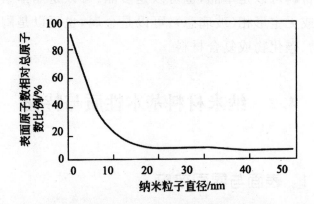

图 4-8　纳米粒子直径与表面原子所占比例的定性描述

表 4-1　纳米微粒尺寸与表面原子数的关系

粒径/nm	20	10	5	2	1
总原子个数	250000	30000	4000	250	30
表面原子比例/%	10	20	40	80	99

图 4-9 为一些不同晶型的纳米颗粒表面原子所占份额的理论标定结果,该标定方法采用了晶体学中的基础知识。图 4-9 所涉及的颗粒直径大约在 5nm 以下,该图给出的一个有意义的结果,即颗粒直径相同时,表面原子所占份额与颗粒所属晶型(或原子堆积方式)有关,其中立方八面体最小,正四面体最大。

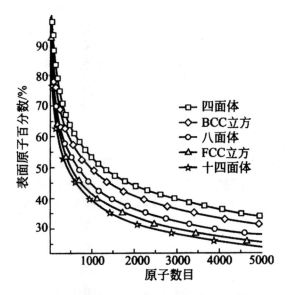

图 4-9　不同晶型的纳米颗粒表面原子所占份额的标定

4.2.2　小尺寸效应

当超微粒的尺寸与光波波长、德布罗意波长以及超导态的相干长度或透射深度等物理特征尺寸相当或更小时,周期性的边界条件将被破坏,声、光、电磁、热力学等特性均会呈现新的尺寸效应,称为小尺寸效应。

4.2.3 量子尺寸效应

量子尺寸效应为,当粒子尺寸下降到超细和纳米尺度时,金属费米能级附近的电子能级由准连续变为离散能级的现象,如图 4-10 所示。

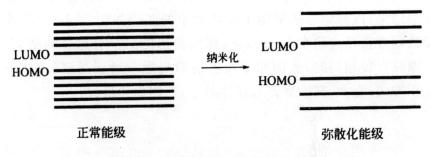

图 4-10 金属的量子尺寸效应示意图

4.2.4 量子隧道效应

近年来发现,微粒子的磁化强度和量子相干器的磁通量等一些宏观量也具有隧道效应,即宏观量子隧道效应。研究纳米微粒的这种特性,对发展微电子学器件将有重要的理论和实践意义。

4.3 纳米材料的制备

纳米材料的制备手段众多,也有不同的分类,如从大变小和从小变大这两大类方法,后者是较为常用的方法,包含晶体的生长及控制,这些控制手段主要来源于物理方法和化学方法(图 4-11)。

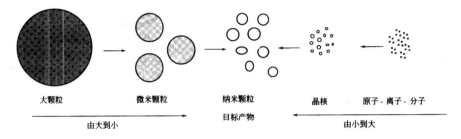

图 4-11　制备纳米材料的两个基本过程

在图 4-12 中,我们从能量转移的主要方式这一角度出发,进行纳米材料制备方法的分类,这其中已经包含了目前已经报道的纳米材料制备的重要方法。

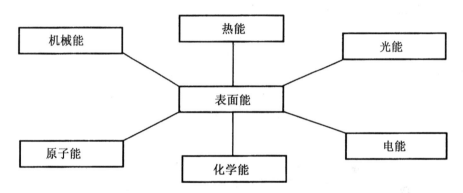

图 4-12　从能量转移的主要方式进行纳米材料制备方法的分类

当然,纳米材料制备的方法已有很多。下面将主要介绍一些常用的、重要的和较为成熟的纳米材料制备的物理和化学方法。当然,对纳米材料物理和化学方法制备的分类,目前没有严格的区分和界限,划分是大体上的,并有不同的观点。

4.3.1　气体冷凝法

1984 年,德国萨尔大学(University of Saarbrucken)的 H. Gleiter 教授等人首先报道了气体冷凝法制备金属纳米粒子的工作。基本原理如图 4-13 所示,在高真空室内,导入一定压力的 Ar 等保护性气体,当在高温下金属原料蒸发后,金属原子和原子簇(cluster)可重新凝聚在冷凝装置的表面,产物颗粒尺寸可以通过调节蒸发温度、气体压力等手段进行控制,当产物在冷凝装置的表面形成蓬松体时,可被刮下,粉体落至漏斗进入产品收集系统。

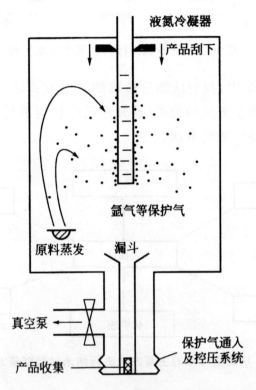

图 4-13　气体冷凝法制备金属纳米粒子的基本原理

　　用气体冷凝法可通过调节惰性气体压力,蒸发物质的分压即蒸发温度和蒸发速率来控制纳米微粒的大小。由图 4-14 可见,随惰性气体压力的增大,Al、Cu 超微粒近似地成比例增大,同时也说明,大原子质量的惰性气体将导致大粒子。

　　气体冷凝法制备的超微颗粒具有如下优点:

①产品的纯度高。

②产物颗粒小,最小的可以制备出粒径为 2nm 的颗粒。

③产物粒径分布窄。

④产物具有良好结晶和清洁表面。

⑤产品粒度易于控制等,在理论上适用于任何被蒸发的元素以及化合物。

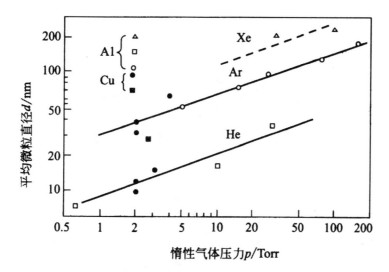

图 4-14　Al、Cu 超微粒的平均直径与 He、Ar、Xe 惰性气体
压力的关系 1Torr＝133.322Pa

此方法适用于纳米薄膜和纳米粉体的制备。

图 4-15 为国内研制的纳米金属制备的实验装置,采用电弧法加热。

图 4-15　纳米金属制备与受控凝固系统

1. 电阻加热法

电阻加热法装置示意图如图 4-16 所示。蒸发源采用通常的真空蒸发使用的螺旋纤维或者舟状的电阻加热体,其形状如图 4-17 所示。

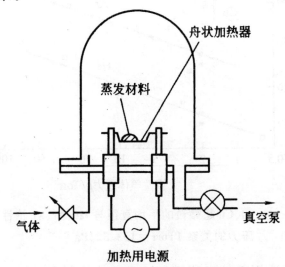

图 4-16　电阻加热制备纳米微粒的实验装置

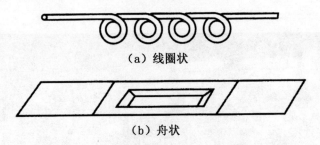

（a）线圈状

（b）舟状

图 4-17　蒸发用电阻加热的发热体

图 4-18 中所示的电阻加热体是用 Al_2O_3 等耐火材料将钨丝进行了包覆,所以熔化了的蒸发材料不与高温的发热体直接接触,可以在加热了的氧化铝坩埚中进行具有高熔点的 Fe、Ni 等金属的蒸发。

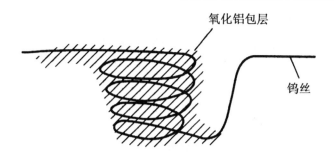

图 4-18　氧化铝包覆蓝框状钨丝发热体

此方法的优点是在常见的设备上添加很少的一些部件就可以制备纳米微粒。缺点是一次蒸发的量少，放上 1～2g 的原料，而蒸发后从容器内壁等处所能回收的纳米微粒只不过数十毫克。

2. 高频感压加热法

高频感压加热法[①]的实验装置如图 4-19 所示。

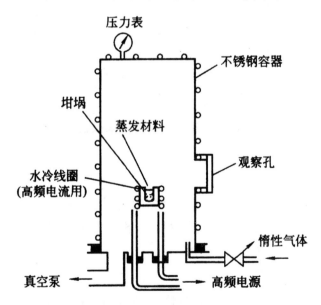

图 4-19　高频感压加热制备纳米微粒的实验装置

---

①　高频感压加热法是将耐火坩埚内的蒸发原料进行高频感压加热蒸发而制得纳米微粒的一种方法。

在内径 20mm、高 25mm 的坩埚内放入约 50g 铜，加热蒸发而形成的纳米微粒数据如图 4-20。所制备的纳米微粒的粒径可以通过调节蒸发空间的压力和熔体温度（加热源的功率）来进行控制，此外，使用不同种类的气体也可以控制粒径。

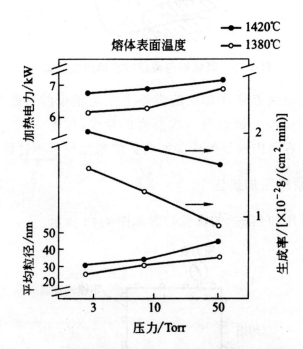

图 4-20   采用高频感压加热制备纳米微粒的制备条件

3. 等离子体加热法

等离子体按其产生方式可分为直流电弧等离子体和高频等离子体两种，由此派生出的制取微粒的方法有多种，如直流电弧等离子体法、混合等离子体法等。

（1）直流电弧等离子体法

直流电弧等离子体法是在惰性气体下通过直流放电使气体电离产生高温等离子体，使原料熔化、蒸发，蒸气遇到周围的气体就会被冷却形成纳米微粒。生成室内被惰性气体充满，通过调节由真空系统排出气体的流量来确定蒸发气氛的压力。增加等离子体枪的功率可以提高由蒸发而生成的微粒数量。生成的纳米颗粒黏附于水冷管状的铜板上,气体被排除在蒸发室外,运转数十分钟后,进行慢氧化处理,然后再打开生成室,将附在圆筒内侧的纳米颗粒收集起来。

使用这一方法可以制备包括高熔点金属如 Ta(熔点 2996℃)等在内的金属纳米微粒,如表 4-2 所示,表中的纳米微粒顺序按金属熔点的大小排列。

表 4-2　直流电弧等离子体法制备金属纳米粒子

| 种类 | 生成条件 | | | | 生成速度/ | 平均粒径 |
	压力/MPa	电压/V	电流/A	功率/kW	(g/min)	/nm
Ta	0.10	40	200	8	0.05	15
Ti	0.10	40	200	8	0.18	20
Ni	0.10	60	200	12	0.80	20
Co	0.10	50	200	10	0.65	20
Fe	0.10	50	200	10	0.80	30
Al	0.053	35	150	5.3	0.12	10
Cu	0.067	30	170	5.1	0.05	30

注:运转时间 1.0~1.5h;气体为 He+15%H$_2$;坩埚内径 30mm(水冷铜坩埚)。

由表 4-2 可知,该方法最适合于制备 Fe 及 Ni 的纳米微粒。图 4-21 表示了在制备 Ni 微粒时,改变等离子体电流对微粒生成的影响。通常等离子体喷枪随电流的增加,其线束径变大。当电流为 100A 时,等离子体集束后,电流密度较大,等离子体喷射点过热,生成的颗粒较大。电流减小,由于等离子体功率较小,所以熔体温度较低,颗粒没有长大。

由于蒸发原料是放在水冷铜坩埚之中,用等离子喷枪进行加热,所以不用担心制备金属与坩埚之间的反应,这是该方法的优点。但是由于这一方法的熔融与蒸发表面具有温度梯度,所以无论如何生成的纳米颗粒都存在较大的粒度分布。另外,发生等离子体的阴极(通常是钨制的细棒)以及等离子体枪的尖端部分起等离子体集束作用的冷却铜喷嘴都必须在长时间的运转中不发生形状变化。

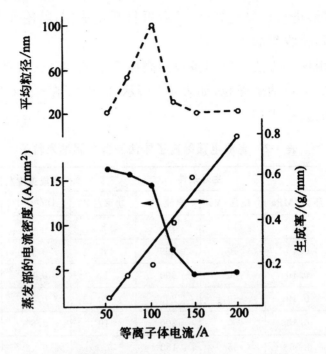

图 4-21　等离子体喷雾加热制备的 Ni 纳米微粒的
平均粒径和生成率

（2）混合等离子体法

混合等离子体法是采用射频（RF）等离子体为主要加热源，并将直流（DC）等离子体和 RF 等离子体组合，由此形成混合等离子体加热方式，来制备纳米微粒的方法。其实验装置如图 4-22 所示。

4. 电子束加热法

电子束加热用于熔融、焊接、溅射以及微加工等领域，其实验装置如图 4-23 所示。电子在电子枪内由阴极放射出来，电子枪内必须保持高真空（0.1Pa），因为阴极表面温度较高，为了使电子从阴极表面射出加上了高电压。即使是在电子枪以后的电子束系统，只要压力稍微上升，就会发生异常放电，而且电子会与残留气体碰撞而发生散射，使电子束不能有效地到达靶。为了保持靶所在的熔融室内的压力在高真空状态，必须安装有排气速度很高的真空泵。

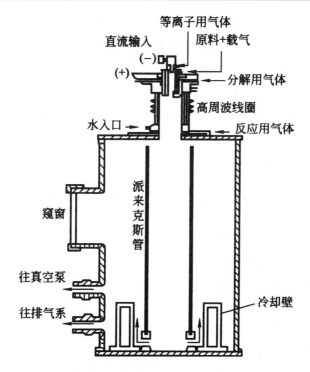

图 4-22　混合等离子体为加热源制备纳米微粒的装置

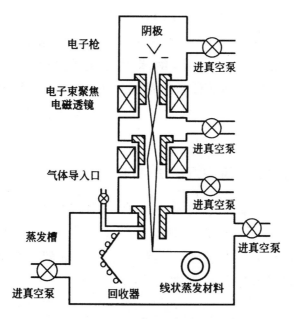

图 4-23　电子束加热的气体中蒸发法制备纳米微粒的装置

101

　　然而,气体中蒸发法中蒸发室需要 1kPa 左右的压力。为了在加有高压的加速电压的电子枪与蒸发室间产生压差,设置了一个小孔,将两孔间分别进行真空排气,再使用电子透镜,将中途散射的电子线集束,使其到达蒸发室。在图 4-23 所示的实验装置中,为防止由于小孔不断排气而导致的纳米微粒被吸入电子枪,对压差部的气体导入方式进行了改进。将压差部位放于安放有最后一段小孔的蒸发室上部一点,由气体导入口导入的气体大部分流入蒸发室,保证纳米微粒生成所需的压力,同时它对于形成由小孔流向蒸发室的气流有如下优点:

①防止生成的微粒被吸入电子系统。

②消除电子枪以及电子束系统的污染。

③使设备长时间运转成为可能。

5. 激光加热法

　　应用激光器进行加热制备纳米微粒的装置如图 4-24 所示。该装置与电阻加热的情况相同,可以利用真空沉积装置。激光束通入系统内的窗口材料可采用 Ge 或者 NaCl 单晶板。研究人员在 Ar 气氛中使用 CO_2 激光束照射市售的 SiC 粉末(α-SiC)进行蒸发。随气氛压力的上升,纳米微粒的粒径变大。在 Ar 气 1.3kPa 气氛中生成的 SiC 微粒粒径约为 20nm,由 X 射线衍射峰的强度求出了 SiC 纳米微粒中 Si 的比率,结果如图 4-25 所示,Si 的含量随气氛压力的增加而增大。

6. 流动油面上真空沉积法(VEROS)

　　该制备法的基本原理是在高真空中将原料用电子束加热蒸发,蒸发的金属原子沉积到旋转圆盘下表面的流动油面,在流动的油面内形成超微粒子,产品中含有大量超微粒的糊状油。图 4-26 是制备装置的示意图。

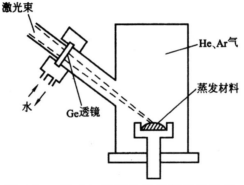

图 4-24　激光加热制备纳米微粒的装置

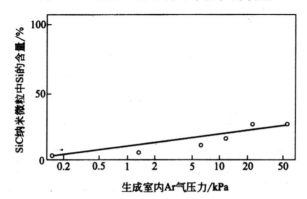

图 4-25　激光束加热制备的 SiC 微粒中
Si 颗粒比例与气体压力的关系

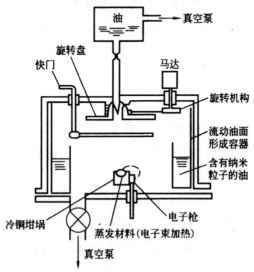

图 4-26　流动油面上真空沉积法制备超微粒的装置图

此方法的优点有以下几点：

①可制备 Ag、Au、Pd、Cu、Fe、Ni、Co、Al、In 等超微粒子，平均粒径约 3nm。

②粒径均匀，分布窄，如图 4-27 所示。

③超微粒分散的分布在油中。

④粒径尺寸可控。

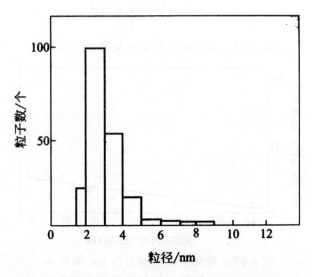

图 4-27　VEROS 法制备 Ag 纳米微粒的粒径分布

VEROS 法制备的纳米微粒最后在油中形成浆糊状，这是制备孤立状态（粒径在 5nm 以下）的极细纳米微粒的有效方法之一。

7. 爆炸丝法

爆炸丝法的基本原理是先将金属丝固定在一个充满惰性气体（5×10^6Pa）的反应室中（图 4-28），丝两端的卡头为两个电极，它们与一个大电容相连形成回路，加 15kV 的高压，金属丝在 500～800kA 的电流下进行加热，融断后在电流中断的瞬间，卡头上的高压在融断处放电，使熔融的金属在放电过程中进一步加热变成蒸气，在惰性气体碰撞下形成纳米金属或合金粒子沉降在容器的底部。

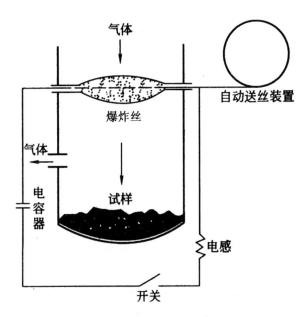

图 4-28　爆炸丝法制备纳米微粒装置示意图

虽然气体中蒸发法主要以金属的纳米微粒为研究对象,但是,也可以使用这一方法制备无机化合物(陶瓷)、有机化合物(高分子)以及复合金属的纳米微粒。

4.3.2　溅射法

溅射法的原理如图 4-29 所示。将两块金属板(Al 阳极板和蒸发材料阴极靶)平行放置在氩气中(40~250MPa),在两极间施加 0.3~1.5kV 的电压,由于两极间的辉光放电形成 Ar 离子。在电场的作用下 Ar 离子撞击阴极的蒸发材料靶,使靶材原子从其表面蒸发出来形成超微粒子,并在附着面上沉积下来。粒子的大小和尺寸分布主要取决于两电极间的电压、电流和气体压力。靶材的表面积愈大,原子的蒸发速度愈高,获得的超微粒的量愈大。例如使用 Ag 靶制备出了粒径 5~20nm 的纳米 Ag 微粒,蒸发速度与靶的面积成正比。在这种方法中,如果将蒸发材料靶做成几种元素(金属或者化合物)的组合,还可以制备复合材料的纳米微粒。

当在更高的压力空间使用溅射法时,也同样制备了纳米微粒。在这种方法中,靶材达高温,表面发生熔化(热阴极),在两极间施加直流电压,使高压气体,如 13kPa 的 15％H_2 和 85％He 的混合气体,发生放电,电离的离子冲击靶材表面,使原子从熔化的蒸发靶材上蒸发出来,形成超微粒子,并在附着面上沉积下来。

溅射法制备纳米微粒的优点是:控制蒸发材料靶的成分可以制备多种纳米金属,包括高熔点和低熔点金属(常规热蒸发法只能适用于低熔点金属),甚至多组元的化合物超微粒子,如 $Al_{52}Ti_{48}$,Cu_9Mn_9 及 ZrO_2 等;可以有很大的蒸发面,通过加大被溅射的阴极表面可提高纳米微粒的获得量;可以形成纳米颗粒薄膜等。

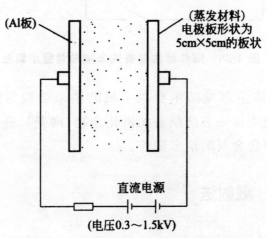

图 4-29   溅射法制备超微粒的原理示意图

4.3.3   化学沉积法

化学沉积/沉淀法制备纳米材料涉及内容较多,新旧知识的融合产生了这一纳米材料制备体系。沉淀(precipitation)是化学研究中常见的一种实验现象,而沉积(deposition)概念的广泛使用是建立在材料科学尤其是纳米材料研究迅速发展基础之上的。通过本节内容的学习,可以体会到,沉淀和沉积(统称化学沉积法)既有联系又有区别。化学沉积法的主要优点是,实验设备较为简单,实验条件普遍不苛刻。

1. 液相沉淀

液相沉淀是一类重要的无机化学反应,较易生成超细或纳米粒子,如可溶性钠盐和可溶性硫化物的水溶液在常温下混合后,在很大的浓度范围内都可得到纳米 CdS 的沉淀物,且颗粒很小,但制备过程中如果不加分散剂,产物团聚明显。

$$Cd^{2+} + S^{2-} = CdS\downarrow$$

通过一些手段可改善纳米材料的分散性,图 4-30 为纳米 CdS TEM 图像,由于制备过程中采用了添加分散剂等措施,产物可具有良好的分散性。

图 4-30　纳米 CdS TEM 图像

液相沉淀法如今已较多地应用于无机纳米材料的制备,主要包括直接沉淀、均匀沉淀、共沉淀、有机相沉淀、沉淀转化等方法。

2. 气相沉积(CVD)

气相沉积(CVD)的全称为化学气相沉积法(chemical vapor deposition)。为了清楚地理解 CVD 的基本原理,先来了解气相氧化还原法制备纳米材料的有关概念。气相氧化还原是一种制备纳米粉体较为常用的方法,例如,用 15％ H_2-85％ Ar 的混合气体高温下还原金属复合氧化物,可制备出粒径小于 35nm 的 CuRh 合金等。对比此方法,CVD 法除目标产物为固体外,其余反应物、生成物均为气体或气溶胶。

CVD 过程常需要加热,加热手段包括常规方法以及激光、等离子体等方法。

CVD 法的主要优点是,所得目标产物表面清洁,易分离。此方法较适用于纳米薄膜的制备,也可用于纳米粉体的制备。

3. 液相沉积(CBD)

最为常见的液相沉积是化学池沉积(chemical bath deposition,简称 CBD),其实验装置如图 4-31 所示,该装置(反应池)通过循环流动的热水加热、恒温反应体系;反应池中放置的水溶液组成较为简单,通常由前驱体——金属盐以及其他助剂构成,助剂主要用于调控薄膜的生长;薄膜制备的基本反应较为简单,常见为金属盐的水解,通过基片的预处理,反应体系中温度、pH 值、前驱体浓度以及反应时间等的调控,可在斜靠于反应池内壁基片的表面获得沉积膜;基片分为玻璃、Si、SiO_2、金属和塑料等。

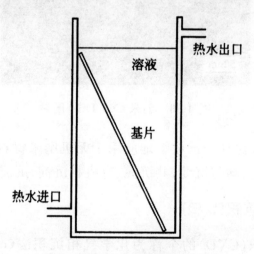

图 4-31　CBD 法装置示意图

　　需要指出的是,CBD 法所得薄膜不同于常规液相沉淀获得的产物,通过图 4-32 的分析,可以进一步区分两者。从图 4-32 中可以看出,与普通沉积法获得的产物相比,CBD 法获得的薄膜表面光滑、均匀,吸附牢固,薄膜在玻璃基片的两侧同时生长[图 4-32(a)接近手指的片基上可看见双层膜结构]。而在普通沉淀过程中,由于颗粒依靠自然重力下降,无法形成类似于图 4-32(a)所示的高质量沉积膜。

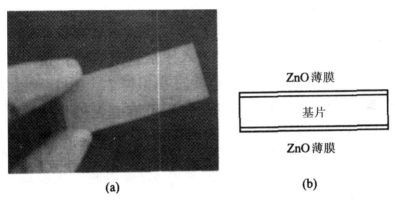

图 4-32　CBD 法所得 ZnO0 薄膜

　　图 4-32(a)给出的另一令人感兴趣的结果是,尽管玻璃基片已完全浸入 CBD 池中的反应液(图 4-31),但最终所得沉积膜并未完全覆盖该玻璃基片。实际上,图 4-32(a)中玻璃基片覆盖沉积膜的面积应该是有关前期处理时,基片浸入无水乙醇等有机溶剂中的面积。从中可以看出,基片前期处理对沉积效果起着至关重要的作用,有关问题还要在图 4-33 中进一步讨论。

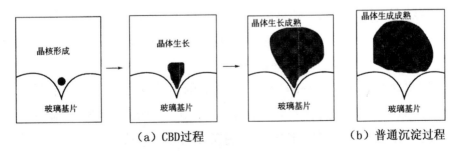

图 4-33　CBD 过程与普通沉淀过程的区别

目前,对 CBD 法的机理研究尚未形成较为统一的结论和观点,图 4-33(a)展示了 CBD 过程中晶体生长的一种理论假设:首先,均相成核(在溶液中)或异相成核(在基片表面)的晶核,可较为稳定地固定在表面具有适当的粗糙度或亲水性良好的基片上,这是 CBD 过程中最为关键的一步;随后,晶体颗粒在此基础上不断生长,直至老化,最终稳定地附着在基片表面。反观普通沉淀过程[图 4-33(b)],生长成熟的晶粒通过自然重力直接落入基片的表面,导致晶粒与基片表面结合不牢固。

CBD 法的优点与 CVD 法的优点是相似的:①CBD 法所需仪器比 CVD 法更为简单,反应条件比 CVD 法更加温和,如反应温度一般都低于水的沸点;②CBD 法所得目标产物较易分离,表面较为清洁;③CBD 法也较适用于纳米薄膜的制备,也可用于纳米粉体的制备。

需要注意的是,尽管 CBD 法是一种较为简单的纳米材料制备方法,但影响 CBD 过程的因素较多,应用此方法时应充分考虑。

4.3.4　水热法

据说水热法的诞生是人类仿自然的思维结果,其灵感来自地壳内部高温、高压下的熔岩反应。

水热法是利用高压釜里的高温、高压反应条件,采用水作为反应介质,实施目标产物的制备。水热条件下纳米材料的制备有水热结晶、水热化合、水热分解、水热脱水、水热氧化还原等。该方法现已成为制备纳米材料的常用方法,主要适用于纳米粉体的制备,也可用于纳米薄膜的沉积。

水热反应釜(图 4-34)是一种简单的反应装置,它是由不锈钢外套、聚四氟乙烯内衬(反应容器)、压力缓冲装置和密封盖等构成的。由此可见,利用水热反应制备纳米材料,操作较为简单,但须注意安全。

图 4-34　水热反应装置——高压釜

图 4-35 为采用水热法制备出纳米 Bi_2S_3 的 XRD 谱图,它表明,在较为缓和的条件下(100℃～200℃,亦称软化学条件)获取的目标产物已具有良好的结晶性。尽管该图中衍射峰较多,但经比对标准数据,证实产物为单一的 Bi_2S_3 斜方晶系。而通过这种方法制得的纳米 Bi_2S_3 产物显示出棒状形貌(图 4-36),长径比较大。

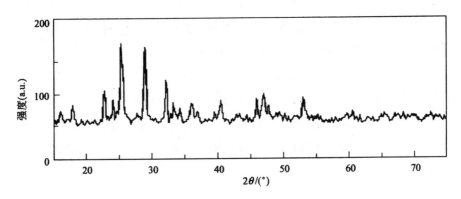

图 4-35　水热法制备出纳米 Bi_2S_3 的 XRD 谱图

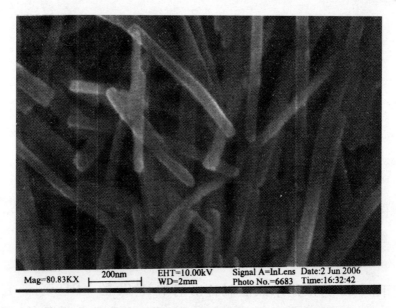

| Mag=80.83KX | 200nm | EHT=10.00kV WD=2mm | Signal A=InLens Photo No.=6683 | Date:2 Jun 2006 Time:16:32:42 |

图 4-36　水热法制备出纳米 Bi_2S_3 的 SEM 图像

4.3.5　sol-gel 法

经典的溶胶-凝胶法(sol-gel)的基本原理是:易于水解的金属化合物(无机盐或金属醇盐)在某种溶剂中与水发生反应,经过水解与缩聚过程逐渐凝胶化,再经干燥烧结等后处理得到所需材料,基本反应由水解反应和聚合反应等构成。

先以正硅酸酯——$Si(OR)_4$ 为例,进行 sol-gel 过程分析:

sol-gel 的基本反应过程可在酸性或碱性两种催化条件下进行。另一个重要的问题是,$Si(OR)_4$ 的起始取代度($n=1\sim4$)将对 sol-gel 的后续过程以及最终产物的结构产生决定性的影响,以下是几个实例。

二聚体:

$$2RO-\underset{\underset{OR}{|}}{\overset{\overset{OR}{|}}{Si}}-OH \longrightarrow RO-\underset{\underset{OR}{|}}{\overset{\overset{OR}{|}}{Si}}-O-\underset{\underset{OR}{|}}{\overset{\overset{OR}{|}}{Si}}-OR$$

$f=1$

一维链：

二维链：

三维链：

　　这里还要解释一下 sol-gel 过程的划分与判断问题,当为二聚体 P2 或其他低聚体时,此时的分散系类型属真溶液;当聚合度进一步增加时,多聚体的线团尺寸进入胶体粒子尺度范围,此时的分散系属溶胶——sol(一般为液溶胶);当聚合度继续增大时,液溶胶体系失去流动性,最终形成凝胶——gel,如图 4-37 所示。

　　这种经典的 sol-gel 法适用于纳米薄膜和纳米粉体的制备。图 4-38 为使用 sol-gel 法制备纳米 TiO_2 T 的 EM 图像。

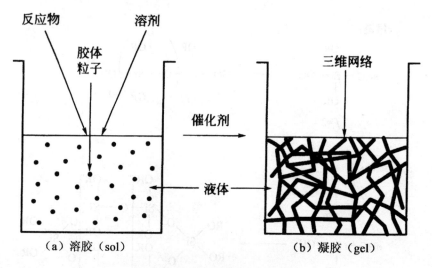

图 4-37 凝胶的形成

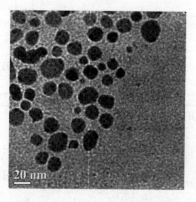

图 4-38 sol-gel 法制备纳米 TiO$_2$ 的 TEM 图像

4.3.6 气-液-固(VLS)法

VLS 法是一种设计巧妙的纳米材料制备方法,它具有的特点是:晶体生长的区位有望得到精确控制;晶体生长的取向可以得到精确控制。因此,VLS 法制备的纳米材料有望用作纳米器件。

图 4-39 介绍了纳米材料 VLS 法生长机制,首先金属催化剂在基片上的位置决定了后续纳米材料的生长位置;在适当的温度下,原为固态的催化剂转变为液态,并与生长材料的前驱体(以气

态形式输入)形成液态的共熔物,当该液态的共熔物达到过饱和后,目标产物形成晶体析出,而液态催化剂浮在晶体的表面,继续接收后续前驱体气体……这样的循环往复保证了晶体生长的单一取向,即最终长成线状晶体。这一机理还表明,催化剂的液态尺寸将在很大程度上决定了所生长纳米线的直径。研究表明,利用这种生长机制可以成功制备大量的单质、二元化合物甚至更复杂的单晶。例如,使用 Fe、Au 作催化剂,制备了半导体纳米线 Si;Ga 作催化剂,制备了 SiO_2 等准一维纳米材料。

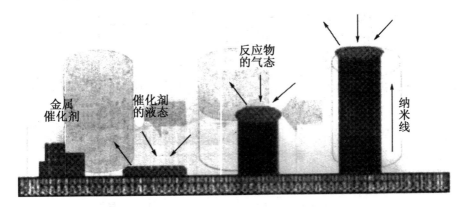

图 4-39 纳米材料 VLS 法生长机制示意图

4.4 纳米材料在不同领域的应用

4.4.1 电子信息领域

1. 纳米发电机

美国佐治亚理工学院的王中林研究小组利用竖直结构的氧化锌纳米线的独特性质,在原子力显微镜的帮助下,研制出了将机械能转化为电能的世界上最小的发电装置——纳米发电机。这一纳米发电机能达到 17%～30% 的发电效率,为自发电的纳米器件奠定了理论基础。

纳米发电机的问世为实现集成纳米器件、实现真正意义上的纳米系统打下了技术基础。这项科研成果未来将广泛用于生物医学、国防技术、能源技术及日常生活领域。

2. 纳米马达

纳米马达是一种纳米尺度的动力机器,目前纳米马达的研究按物理体系可分为两大类:

一类基于固体材料,多侧重于电驱动,如纳米压电马达。

一类基于分子体系,侧重于化学或激光驱动,如生物马达、以合成分子为基础构造的人工纳米马达。

图 4-40 为所设计纳米压电马达的结构图,压电晶体环和电极串联,由变幅杆驱动头和螺杆将其固定,后面连接导向螺杆,并通过轴承套筒固定到导轨上,螺杆上套有弹簧,作为驱动的跟进部分。

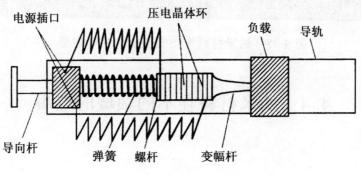

图 4-40　纳米压电马达结构图

3. 纳米计算机

纳米计算机指的是它的基本元器件尺寸在几个到几十纳米范围内。

美国威斯康星大学麦迪逊分校 Robert H. Blick. 研究小组将机械技术与纳米技术结合起来,设计了一种基于纳米尺寸机械零件的新型计算机。这种纳米机械计算机(Nanoraechanical Computer,

NMC)的基本单元"纳米机械单电子晶体管"(NEMSET)是将典型硅晶体管与纳米机械开关相结合的电路。如图 4-41 所示的是典型的 NEMSET 场发射电流可以放大一个数量级,左边的直流偏置允许交流信号和直流偏置电压通过,记录电流取决于中间的纳米机械柱。

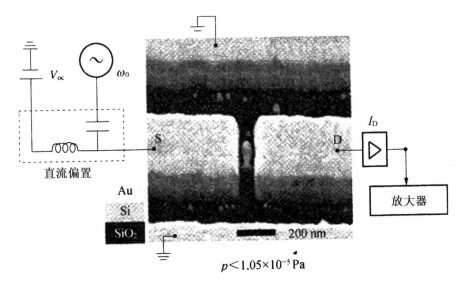

图 4-41　纳米机械单电子晶体管

纳米机械计算机与常规计算机相比具有三个优点:

- 可在更高温度下运行(几百摄氏度)。
- 耐电击。
- 能耗更低。

4.4.2　纺织工业

1. 应用方法

科技发展到今天,人们对材料的认识和要求已不满足于其固有的结构与性能,而希望材料多功能化。利用纳米材料的特性开发多功能、高附加值的纺织品成为纺织行业的研究开发热点。纳米材料的应用方法主要有接枝法、后整理法和共混纺丝法三种。

（1）接枝法

对纳米微粒进行表面改性处理，同时利用低温等离子技术、电晕放电技术，激活纤维上某些基团而使其发生结合，或者利用某些化合物的"桥基"作用，把纳米微粒结合到纤维上，从而使天然纤维也获得具有耐久功能的效果。

（2）后整理法

天然纤维可借助于分散剂、稳定剂和黏合剂等助剂，通过吸浸法、浸轧法和涂层法把纳米粉体加到织物上，使纺织品具有特殊功能，而其色泽、染色牢度、白度和手感等方面几乎不改变。此法工艺简单，适于小批量生产，但功能的耐久性差。

（3）共混纺丝法

在化纤的聚合、熔融或纺丝阶段，加入功能性纳米粉体，纺丝后得到的合成纤维具有新的功能。例如，在芯鞘型复合纤维的皮、芯层原液各自加入不同的粉体材料，可生产出具有两种以上功能的纤维。由于纳米粒子的表面效应，活性高，易与化纤材料相结合而共融混纺，而且粒子小，对纺织过程没有不良影响。

2. 应用范围

纳米材料的应用主要表现在高性能纤维，抗紫外、抗静电、抗电磁辐射，远红外功能，抗菌除臭等方面。

（1）高性能纤维

纳米纤维按其来源可以分为天然纳米纤维、有机纳米纤维、金属纳米纤维、陶瓷纳米纤维等。

①紫外线防护纤维。能将紫外线反射的化学品叫紫外线屏蔽剂，对紫外线有强烈选择性吸收，并能进行能量转换而减少它的透过量的化学品叫紫外线吸收剂。

②远红外纤维。当红外辐射源的辐射波长与被辐射物体的吸收波长相一致时，该物体分子便产生共振，并加剧其分子运动，达到发热升温作用。

（2）抗菌除臭

紫外线有灭菌消毒和促进人体内合成维生素 D 的作用而使人类获益，但同时也会加速人体皮肤老化和发生癌变的可能。不同波长紫外线对人体皮肤的影响如表 4-3 所示。

表 4-3　不同波长紫外线对人体皮肤的影响

符号	波长/nm	对皮肤的影响
UV-A	406~320	生成黑色素和褐斑，使皮肤老化、干燥，皱纹增加
UV-B	320~280	产生红斑和色素沉着，长时间辐射有致癌的可能
UV-C	280~200	穿透力强并对白细胞有影响

各种纳米微粒对光线的屏蔽和反射能力不同。以纳米 TiO_2 和纳米 ZnO 为例，当波长小于 350nm 时，TiO_2 和 ZnO 的屏蔽率接近。当波长在 350~400nm 时，TiO_2 的分光反射率比 ZnO 屏蔽率低。紫外线对皮肤的穿透能力前者比后者大，而且对皮肤的损伤有累积性和不可逆性。因为氧化锌的折射率比氧化钛的小，对光的漫反射也低，所以 ZnO 使纤维的透明度较高，有利于织物的印染整理。图 4-42 表示超微粒 ZnO 和 TiO_2 的分光反射率。超微粒粒度大小也影响其对紫外线的吸收效果。图 4-43 为 TiO_2 粒径和极薄薄膜（50nm）中紫外线照射的透过度，即采用计算机模拟设计得到的 TiO_2 粒径与紫外线透过度的关系。波长在 300~400nm 光波范围内，微粒粒径在 50~120nm 时其吸收效率最大。

根据杀菌机理，无机抗菌剂可分为两种类型。

光催化抗菌剂，如纳米 TiO_2、纳米 ZnO 和纳米硅基氧化物等。

元素及其离子和官能团的接触性抗菌剂，如 Ag、Ag^+、Cu、Cu^{2+}、Zn、SO_4^{2-} 等。

多种金属离子杀灭或抑制病原体的强度次序为：

Ag＞Hg＞Cu＞Cd＞Cr＞Ni＞Pb＞Co＞Zn＞Fe

由于镍、钴、铜离子对织物有染色，汞、镉、铅和铬对人体有害而不宜使用，所以常用的金属抗菌剂只有银和锌及其化合物。银离子的杀菌作用与其价态有关,杀菌能力 $Ag^{3+} > Ag^{2+} > Ag^+$。高价态银离子具有高还原电势,使周围空间产生氧原子,而具杀菌作用。低价态银离子则强烈吸引细菌体内酶蛋白中的巯基,进而结合使酶失去活性并导致细菌死亡。当菌体死亡后,Ag^+ 又游离出来得以周而复始地起杀菌作用。

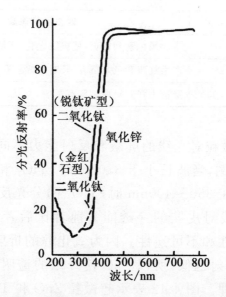

图 4-42　超微粒 ZnO 和 TiO₂ 的分光反射率

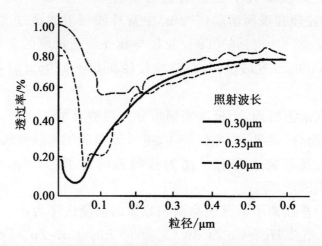

图 4-43　TiO₂ 粒径和极薄薄膜(50nm)中紫外线照射的透过度

纳米 TiO_2 和纳米 ZnO 等光催化杀菌剂不但能杀灭细菌本身,而且也能分解细菌分泌的毒素。对于纳米半导体,光生电子和空穴的氧化还原能力增强,受阳光或紫外线照射时,它们在水分和空气存在的体系中自行分解出自由电子(e^-),同时留下带正电的空穴,逐步产生下列反应:

$$ZnO/TiO_2 + h\upsilon \longrightarrow e^- + h^+$$

$$e^- + O_2 \longrightarrow \cdot O_2^-$$

$$h^+ + H_2O \longrightarrow \cdot OH + H^+$$

反应生成的化学物质,具有较强的化学活性,能够把细菌、残骸和毒素一起消灭。对于人体汗液等代谢物滋生繁殖的表皮葡萄球菌、棒状菌和杆菌孢子等"臭味菌",纳米半导体也有杀灭作用。譬如,·OH 会进攻细菌体细胞中的不饱和键:

所产生的新自由基会激发链式反应,导致细菌蛋白质的多肽链断裂和糖类分解,从而达到除臭的目的。

4.4.3　生物医学领域

1. 纳米高分子材料

纳米高分子材料作为药物、基因传递和控制的载体,是一种新型的控释体系,表现出许多优越性。

①靶向输送。

②帮助核苷酸转染细胞,并起到定位作用。

③可缓释药物,延长药物作用时间。

④提高药物的稳定性。

⑤保护核苷酸,防止被核酸酶降解。

⑥可在保证药物作用的前提下,减少给药剂量,减轻药物的

毒副作用。

⑦建立一些新的给药途径。

把药物放入磁性纳米颗粒的内部,利用药物载体的磁性特点,在外加磁场的作用下,磁性纳米载体将富集在病变部位,进行靶向给药,那么药物治疗的效果会大大地提高,如图 4-44 所示。

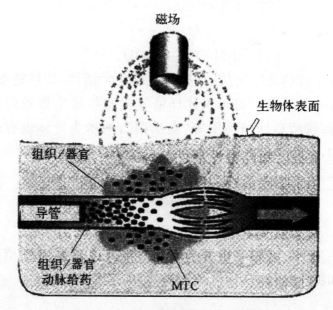

图 4-44 体内磁肿瘤靶向给药示意图

脂质体技术被喻为"生物导弹"的第四代靶向给药技术。脂质体技术是利用脂质体的独有特性,将药物包裹在脂质体内,根据人体病灶部位血管内皮细胞间隙较大,脂质体药物可透过此间隙到达病灶部位,在病灶部堆积释放,从而达到定向给药,如图 4-45 所示。

脂质微粒作为基因药物载体,用于全身药物递送,目前已进行了大量深入的研究。其中,脂质纳米微粒(Lipid-based Nanoparticles,NP)药物载体,在进行基因药物递送时,为克服体内的各种生理屏障,粒径需控制在 100nm 以下。

用脂质体微囊作为药物载体的研究早已在药物制剂上应用。20 世纪 90 年代初期,国外几家制药企业成功地研制出经济、高效的抗菌和抗肿瘤药物脂质体产品,并先后投入市场,极大地推动了脂质体的研究和发展。如美国 NeXstar 制药公司研制的柔红霉素脂质体,商品名为 Daunoxome,经 FDA 批准后上市,该药物制剂没有明显的心脏毒性。美国 SEQUUS 公司研制的阿霉素脂质体,商品名为 Doxil,经 FDA 批准后上市,主要用于 HIV 引起的卡巴氏瘤治疗。

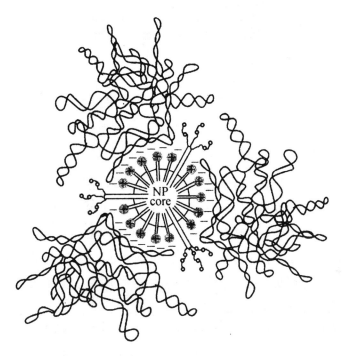

图 4-45　$\alpha_v\beta_3$ 靶向纳米粒-质粒 DNA 的复合体

Adriano Cavalcanti 等设计了一种用于糖尿病的纳米机器人。通常糖尿病人必须每天采取少量血样进行葡萄糖水平的监控。这种方法令病人非常不适而且极不方便。为了解决这个问题,人体血液中的血糖水平可以采用医用纳米机器人进行 24 小时动态监测,如图 4-46 所示。医生可以根据纳米机器人获得的信息给病人提供实时健康保健,调整病人用药策略。

图 4-46　纳米机器人对病人血糖进行实时监控

2. 纳米中药

"纳米中药"指运用纳米技术制造的粒径小于 100nm 的中药有效成分、有效部位、原药及其复方制剂。纳米中药不是简单地将中药材粉碎成纳米颗粒,而是针对中药方剂的某味药的有效部位甚至是有效成分进行纳米技术处理,使之具有新的功能:降低毒副作用、拓宽原药适应性、提高生物利用度、增强靶向性、丰富中药的剂型选择、减少用药量等。

纳米中药的制备要考虑到中药组方的多样性和中药成分的复杂性。要针对植物药、动物药、矿物药的不同单味药,以及无机、有机、水溶性和脂溶性的不同有效成分确定不同的技术方法。也应该在中医理论的指导下研究纳米中药新制剂,使之成为速效、高效、长效、低毒、小剂量、方便的新制剂。纳米中药微粒的稳定性参数可以纳米粒子在溶剂中的 ξ 电位来表征。一般憎液溶胶 ξ 电位绝对值大于 30mV 时,方可消除微粒间的分子间力避免聚集。有效的措施是用超声波破坏团聚体,或者加入反凝聚剂形成双电层。

聚合物纳米中药的制备有两种。一是采用壳聚糖、海藻酸钠凝胶等水溶性的聚合物。例如,将含有壳聚糖和两嵌段环氧乙烷-环氧丙烷共聚物水溶液与含有三聚磷酸钠水溶液混合得到壳聚糖纳米微粒。这种微粒可以和牛血清白蛋白、破伤风类毒素、胰岛素和核苷酸等蛋白质有良好的结合性。已经采用这种复合凝聚技术制备 DNA-海藻酸钠凝胶纳米微粒。二是把中药溶入聚乳醇-有机溶液中,在表面活性剂的帮助下形成 O/W 或 W/O 型乳液,蒸发有机溶剂,含药聚合物则以纳米微粒分散在水相中,并可进一步制备成注射剂。

聚合物纳米中药的优点如下:

①纳米微粒表面容易改性而不团聚,在水中形成稳定的分散体。

②采用了可生物降解的聚合材料。

③高载药量和可控制释放。

④聚合物本身经改性后具有两亲性,从而免去了纳米微粒化时表面活性剂的使用。

4.4.4　化学催化和光催化

1. 纳米粒子的催化作用

利用纳米超微粒子高比表面积与高活性,可以显著地增进催化效率。它在燃烧化学、催化化学中起着十分重要的作用。

(1)分散于氧化物衬底上的金属纳米粉体催化作用

将金属纳米粒子分散到溶剂中,再使多孔的氧化物衬底材料浸泡其中,烘干后备用,这就是浸入法催化剂的制备。离子交换法是将衬底进行表面修饰,使活性极强的阳离子附在表面,之后将处理过的衬底材料浸于含有复合离子的溶液中,由置换反应使衬底表面形成贵金属纳米粒子的沉积。吸附法是把衬底材料放入含聚合体的有机溶剂中,通过还原处理,金属纳米粒子在衬底沉积。

(2)金属纳米粒子的催化作用

火箭发射的固体燃料推进剂中,添加约 1%(质量分数)超细铝或镍微粒,每克燃料的燃烧热可增加一倍。30nm 的镍粉使有机物氢化或脱氢反应速率提高 10～15 倍;用于火箭固体燃料反应触媒,可使燃料效率提高 100 倍。超细硼粉、高铬酸铵粉可以作为炸药的有效催化剂。超微粒子用作液体燃料的助燃剂,既可提高燃烧效率,又可降低排污。

贵金属铂、钯等超细微粒显示甚佳的催化活性,在烃的氧化反应中具有极高的活性和选择性。而且可以使用纳米非贵金属来替代贵金属。

(3)纳米粒子聚合体的催化作用

超细的铁、镍与 γ-Fe_2O_3 混合经烧结体,可代替贵金属而作为汽车尾气的净化催化剂。超细铁粉可在苯气相热分解(100℃～1100℃),引起成核作用而生成碳纤维。超细的铂粉、WC 粉是高效的氮化催化剂。超细的银粉可作为乙烯氧化的催化剂。

一系列金属超微粒子沉积在冷冻的烷烃基质上,经过特殊处理后,将具有断裂 C—C 键或加成到 C—H 之间的能力。

2. 光催化作用及半导体纳米粒子光催化剂

价带中的空穴在化学反应中是很好的氧化剂,而导带中的电子是很好的还原剂,有机物的光致降解作用,就是直接或间接地利用空穴氧化剂的能量。光催化反应涉及许多反应类型,如无机离子的氧化还原、醇与烃的氧化、氨基酸合成、固氮反应、有机物催化脱氢和加氢、水净化理及水煤气变换等。半导体纳米粒子光催化效应在环保、水质处理、有机物降解、失效农药降解方面有重要的应用:

①将硫化镉、硫化锌、硫化铅、二氧化钛以等半导体材料小球状的纳米颗粒,浮在含有有机物的废水表面,利用太阳光使有机物降解。该法用于海上石油泄漏造成的污染处理。

②用纳米二氧化钛光催化效应,可从甲醇水合溶液中提取 H_2;纳米硫化锌的光催化效应,可从甲醇水合溶液中制取丙三醇和 H_2。

③纳米二氧化钛在光的照射下对碳氢化合物有催化作用。若在玻璃、陶瓷或瓷砖表面涂一层纳米氧化钛可有很好的保洁作用,无论是油污还是细菌,在氧化钛作用下进一步氧化很容易擦掉。日本已经生产出自洁玻璃和自洁瓷砖。

4.4.5　能源与环境领域

太阳不断地向宇宙空间辐射出巨大的能量,我们可以充分将其利用在汽车等耗能工具上,并减少全球环境污染。很多创意让太阳能汽车看上去不像汽车了,使它们看起来更像是车轮上的巨型硅片(图 4-47)。

图 4-47　太阳能汽车

可以将太阳能光电转换电路印制在可卷曲的薄膜材料上,这种新型的纳米太阳能电池片是可卷曲的,如图 4-48 所示。

图 4-48　太阳能薄膜电池

4.4.6　磁学方面

1. 磁流体

磁流体可以在外磁场作用下整体地运动,磁性微粒可以是铁氧体类,如 Fe_3O_4、$\gamma\text{-}Fe_2O_3$、$MeFe_2O_4(Me=Co、Ni、Mn、Zn)$ 等,或金属系如 Ni、Co、Fe 等金属微粒及其它们的合金。此外还有氮化铁,因其磁性较强,故可获较高饱和磁化强度。用于磁流体的载液有水、有机溶剂、合成酯、聚二醇、聚苯醚、氟聚醚、硅碳氢化物、卤代烃、苯乙烯等。

随着高性能的 FeN 磁流体的研制成功和批量生产,这种新型磁流体在宇宙仪器、扬声器等振动吸收装置、缓冲器、调节器、传动器以及太阳黑子、火箭和受控热核反应等方面的应用,为磁流体的开发拓宽了广阔的思路。

2. 固体磁性材料

具有铁磁性的纳米材料,如纳米晶体 Ni、$\gamma\text{-}Fe_2O_3$、Fe_3O_4 等可作为磁性材料。铁磁材料可分为软磁材料和硬磁材料。

利用旋磁效应[①]，可以制备回相器、环行器、隔离器和移项器等非倒易性器件，衰减器、调制器、调谐器等倒易性器件。

具有磁致伸缩效应的纳米铁氧体优点是电阻率高、频率响应好、电声效率高。主要应用于超声波器件、水声器件、机械滤波器、混频器、压力传感器等。

4.4.7　军事与航天领域

1. 纳米卫星

纳米卫星（Nano-satellite）是指质量低于 10kg 的现代小卫星。纳米卫星的特点是单颗卫星体积小，功能单一，但多颗卫星组成星座后可实现并超越一颗大型卫星的功能。

2. 隐身材料

隐身技术是 20 世纪军用飞机设计的一项革命性的技术。纳米微粒的尺寸远远小于雷达发来的电磁波波长，可以使得雷达接收的反射信号变得微弱，从而起到隐身的作用。

图 4-49 为采用第一代隐身技术的典型的 F-117A 隐身战斗机，主要是以棱角散射机体外形加纳米吸波涂层为主。

图 4-49　采用第一代隐身技术的 F-117A 战斗机

---

①　有些纳米铁氧体会对作用于它的电磁波发生一定角度的偏转，这就是旋磁效应。

图 4-50 和图 4-51 分别是采用第二代和第三代隐身技术的典型隐身战斗机。

图 4-50　采用第二代隐身技术的 B-2 轰炸战斗机

图 4-51　采用第三代隐身技术的 F-22"猛禽"隐身战斗机

参考文献

[1]温树林.现代功能材料导论[M].北京:科学出版社,2009.

[2]殷景华.功能材料概论[M].哈尔滨:哈尔滨工业大学出版社,2010.

[3]钱苗根.材料科学及其新技术[M].北京:机械工业出版社,2003.

[4]童忠良.纳米化工产品生产技术[M].北京:化学工业出版社,2006.

[5]贡长生.新型功能材料[M].北京:化学工业出版社,2001.

第5章 陶瓷材料制备工艺

本章主要研究陶瓷材料的制备工艺,首先对功能陶瓷材料进行概述,然后介绍功能陶瓷材料的制备,最后探讨了几种典型功能陶瓷材料及其应用。

5.1 功能陶瓷材料概述

功能陶瓷是指其自身具有某方面的物理化学特性,表现出对电、光、磁、化学和生物环境产生响应的特征性陶瓷,可用以制造很多功能材料。功能陶瓷具有性能稳定、可靠性高、来源广泛、可集多种功能于一体的特性,在信息技术领域具有十分重要的地位,广泛应用于各种信息的存储、转换和传导。例如,在彩色电视机中,75%的电子元器件是由陶瓷材料制造的。

目前这类材料涉及的领域比较多,按其功能特点可分为一次功能陶瓷和二次功能陶瓷。前者指输出与输入能量形式相同的陶瓷材料,如单纯的导电陶瓷,通以电能,输出仍为电能;后者指发生能量形式转换的陶瓷,如压电陶瓷,施予机械能,产生电能。功能陶瓷亦可按功能形式分类,常见功能陶瓷的特性及应用见表 5-1。[①]

---

① 曾兆华,杨建文. 材料化学[M]. 北京:化学工业出版社,2008

表 5-1　常用功能陶瓷的组成、特性及应用

种类	性能特征	主要组成	用途
电子陶瓷	绝缘性	Al_2O_3、Mg_2SiO_4	集成电路基板
	热电性	$PbTi_2O_3$、$BaTiO_3$	热敏电阻
	压电性	$PbTi_2O_3$、$LiNbO_3$	振荡器
	强介电性	$BaTiO_3$	电容器
光学陶瓷	荧光、发光性	Al_2O_3 CrNd 玻璃	激光
	红外透过性	CaAs、CdTe	红外线窗口
	高透明度	SiO_2	光导纤维
	电发色效应	WO_3	显示器
磁性陶瓷	软磁性	$ZnFe_2O$、$\gamma-Fe_2O_3$	磁带、各种高频磁心
	硬磁性	$SrO\cdot6Fe_2O_3$	电声器件、仪表及控制器件的磁芯
半导体陶瓷	光电效应	CdS、Ca_2S_x	太阳电池
	阻抗温度变化效应	VO_2、NiO	温度传感器
	热电子放射效应	LaB_6、BaO	热阴极
化学响应陶瓷	化学反应性	多种金属氧化物（Al_2O_3、ZrO_2、ZnO_2、TiO_2）	催化剂 气体、液体过滤 传感器
生物陶瓷	生物活性 生物物理响应	羟基磷灰石 Al_2O_3 陶瓷 PZT	组织/器官移植 牙科材料 超声成像

5.2　功能陶瓷材料的制备

由于组成陶瓷的物质不同,种类繁多,制造工艺因而多种多样,其基本工艺流程如图 5-1 所示。该工艺的一个基本特点就是以粉体作为原料经成型和烧结,形成多晶烧结体。

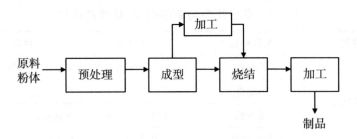

图 5-1 功能陶瓷基本工艺流程

影响粉体烧结性的因素很多,除与颗粒形态有关的微晶直径、颗粒大小和形状、粒度分布及分散性等因素外,还包括含有的金属杂质的种类及其含量、晶格不规则、晶格畸变、残余阴离子的种类和含量等。

5.2.1 成型

粉料成型前还需经过一个附加的工艺环节,即混磨、消除团聚和添加掺杂物。添加掺杂物通常是在混磨这一阶段进行。最常用的一种磨细方法是普通球磨。在陶瓷工艺中常用到的混磨方式还有碾磨、振动磨以及气流磨。

在准备用于成型的粉体中加入少量添加剂,能改善粉体成型特性,从而提高坯体的堆积均匀性。

胶黏剂的用量很小,主要在粉料颗粒间起桥链作用。此时,添加剂帮助粉料成粒,获得干压成型的造粒料,并会增加坯体的强度。而当用量很大时,添加剂在粉料中起增塑剂作用(如在注浆成型中)。在大多数成型方法中,首要的添加物是胶黏剂,许多有机物都能用作胶黏剂,一部分能溶于水,另一部分可溶于有机溶剂中。胶黏剂在水或有机溶剂中的溶解性值得重视。大多数可溶性胶黏剂为长炼分子的聚合物,分子主干为共价性键合的原子,如 C、O 和 N;而连接主干的侧链基团以一定间隔分布在主干周围。极性侧链基团有利于在水中溶解,非极性基团有利于溶解在非极性溶剂中,而中等极性基团的胶黏剂则可溶于极性有机溶液之中。合成的胶黏剂包含聚乙烯(PVA)、聚丙烯(PAA)和聚环氧乙烷(PEO)等。

在实际应用中,不同的成型方法采用不同的添加剂组合。在模具成型中同时使用胶黏剂和润滑剂,在等静压成型中仅使用胶黏剂,在轧膜成型中采用胶黏剂和分散剂,而在流延成型中同时使用胶黏剂、增塑剂和润滑剂。

按照陶瓷粉体在成型时的状态,可将成型方法主要分为三类:压制成型、可塑成型和胶态成型。压制成型又可分为两种,第一种是模压成型,第二种是等静压成型。

粉料的特点是粒度小、可塑性差、含水量少,用这样的粉料进行压制,粉料颗粒之间、粉料与模壁之间存在着很大的摩擦力,再加上颗粒之间的结合力很小且流动性差,所以不易压成坯件,机械强度也很低。所以,在干压法成型之前,为增加粉料的可塑性和结合性,要对粉料进行造粒处理。这需加入黏度比较高的胶黏剂,胶黏剂通常有聚乙烯醇、聚乙二醇及羧甲基纤维素等。造粒步骤如下,经胶黏剂配置成浓度 $5\% \sim 10\%$ (质量)的胶水,然后与陶瓷粉料按一定比例混合[胶水的用量为粉料干重的 $4\% \sim 15\%$ (质量)],然后预压成块状,最后经粉碎和过筛得到具有一定大小的颗粒。

当外加压力释放后,坯体内储存的弹性能引起坯体膨胀,称为应变恢复。在粉体的有机添加物较多和外应力较大时一般会有较明显的应变恢复。尽管少量的应变恢复有利于坯体从模具上分离,但过量则会导致缺陷。由于坯体与模具壁之间存在的摩擦力通常需施加外力才能脱模。适当添加润滑剂会有助于脱模的操作。

模压成型具有如下特点:

①操作简单、生产效率高、成本低。

②该方法适用于形状简单且尺寸较小的部件,如圆片和圆环等。

③在干压法成型中,坯体的密度不是很均匀。

图 5-2 为单向和双向压制法的示意。单向压制,离压力近的部分密度高,远离压力的部分密度低,而且坯件的两侧不受力。

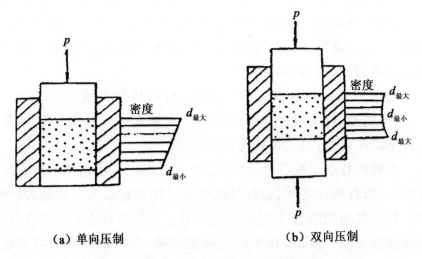

（a）单向压制　　　　　　　（b）双向压制

图 5-2　加压方式对坯体密度的影响

等静压成型是将粉料装入橡胶带中,然后将轴芯插入。用高压泵将液体介质压入缸体,通过使用液体或气体介质对粉料施加压力,压力可达到 20～280MPa。该方法灵活方便,适用性强,坯体在各向施压均匀。这种方法可应用于火花塞绝缘体和高压装置的陶瓷大量生产。

等静压成型有干袋法、湿袋法和均衡压制法三种。

干袋法等静压成型,加压橡皮模是固定在压力油缸缸体内的,工作时不取出。料粉装入成型橡皮模后,一起放进加压橡皮模内,或将粉料从上面通过进料斗,送至加压橡皮模中,压力施加在厚的橡胶模具与刚性模芯之间,压力释放后坯体就可以从模具中拿出来,其装置如图 5-3 所示。

均衡压制法与常规的干压工艺是基本相同的,在这里不多做叙述。湿袋法等静压成型,是将粉料装入塑性模具内,直接浸入高压容器缸体中,与液体相接触,然后加压,压力释放后打开模具就可得到坯体,其装置如图 5-3 所示。

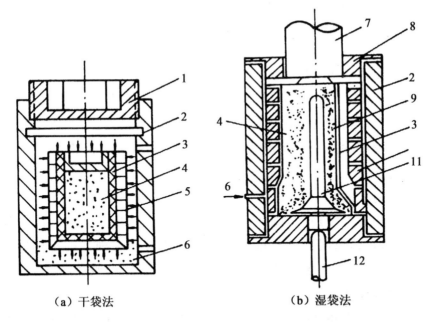

（a）干袋法　　　　　　　（b）湿袋法

图 5-3　干袋法和湿袋法等静压成型示意

1—顶盖；2—高压容器；3—弹性模具；4—粉料；5—框架；6—油漆；7—压力冲头；

8—螺母；9—已成型好的制品；10—限位器；11—芯棒；12—顶砖器

5.2.2　坯体的干燥

陶瓷坯体的干燥是一个很重要的工艺过程。形状复杂、体积较大或较厚坯体的干燥处理更为重要。虽然在功能陶瓷生产中并非所有的成型方法均要经过干燥，但严格来说也存在着干燥过程，即固体物料受热后，蒸发出所含水分的过程。坯体在干燥过程中，随着水分的排除要发生收缩，在收缩过程中若处理不当就会出现变形和开裂现象。因此，干燥程度是决定陶瓷制品质量优劣和成品率高低的主要因素之一。

按照坯体所含水的结合特性，可分为自由水、吸附水和化合水。

自由水又称机械结合水或非结合水，它是指存在于物料表面的润湿水分、空隙中的水分及粗毛细管（直径大于 10^{-4} mm）中的水分。这种水分与物料结合力很弱,干燥时容易除去。在自由水排除阶段,物料颗粒将彼此靠拢,产生收缩现象,干燥程度不宜过快。

吸附水又称物理化学结合水,是指存在于物料的细毛细管(直径小于 10^{-4} mm)中,胶体颗粒表面及纤维皮壁所含的水分。它与物料呈物理化学状态结合(吸附、渗透与结构水)。吸附水在干燥时较难除去。它所产生的蒸气压小于液态水同温度时产生的蒸气压。

吸附水的数量随外界环境的温度和相对湿度的变化而变,空气中的相对湿度越大,则坯体所含水的量也越多。在相同的外界条件下,坯体所吸附的水量随所含黏土的数量和种类的不同而不同,而一些非黏土类原料的颗粒虽然也有一定的吸附能力,但其吸附力很弱所以很容易被排除。

化合水是指化学结合水,又称结构水,是与物料呈现化学状态结合的水,即物料矿物分子组成内的水分。化合水在干燥过程中,不能除去。这是因为,化合水是以 OH^- 或 H_2O^+ 或 H^+ 等形式存在于化合物或矿物中的水。即这种水分是指包含在原料矿物的分子结构内的水分,如结晶水和结构水等。例如滑石 $Mg_3(SiO_{10})(OH)_2$ 等,化合水在晶格中占有一定的位置,须加热到相当高的温度才能将其排除,并伴随有因晶格变化或破坏所引起的热效应。例如,高岭土的结构水的排除需在 $400℃ \sim 600℃$ 内进行。

坯体的全部干燥过程分为如下四个阶段。

1. 预热阶段

从物料或坯体进入干燥器,在单位时间内由于干燥热源传给它们表面的热量与它们表面水分蒸发所消耗的热量刚好达到平衡状态的过程称为预热阶段。

物料或坯体进入干燥器后,与干燥热源接触,物料或坯体表面获得热量后,水分立即蒸发,引起坯体内外水分浓度不一致,水分将从内部不断地扩散到表面,再由表面向外界大气中蒸发而达到干燥的作用。在此阶段由于升温时间很短,排出的水分也不多。

2. 等速干燥阶段

坯体内部的水分向表面补充,坯体表面总保持湿润状态。这样,每小时每平方米表面蒸发的水分是相等的。

干燥速度与坯体的水分多少无关,与坯体表面和周围介质的水蒸气浓度差、分压差或温度差有关,差值越大,干燥速度越快。干燥速度还与坯体表面的空气流动速度有关,适当地增大坯体表面的气流速度有利于提高干燥速度。

在等速干燥阶段,坯体产生明显的收缩。在此阶段保持干燥速度恒定,不宜过快,否则,坯体表面蒸发过快,会引起表面过早产生较大的收缩形成"硬壳",阻碍坯体内部水分的继续扩散,产生干燥应力隐患以及变形及开裂等干燥缺陷。

3. 减(降)速干燥阶段

此阶段是物料在干燥过程中干燥速率不断下降的阶段。当物料内部水分向表面扩散的速度小于物料表面水分汽化速率时,干燥速率下降,当表面变干后,表面温度升高,热量向内部传递,蒸发表面就逐渐内移,由于水分减少,内扩散阻力显著增加,故后期的干燥速率大幅度下降。在此阶段中,干燥速率主要由物料结构及厚度等来决定,并且蒸发速度和热能的消耗大为降低,坯体表面温度逐渐升高。

4. 平衡阶段

平衡水分是指坯体在一定温度和湿度的环境中,通过散湿或吸湿,达到与周围环境平衡时的水分。它根据坯体的性质和周围介质的温度与湿度的不同而不同,此时坯体中的水分也叫干燥最终水分。坯体的干燥最终水分一般不低于储存时的平衡水分,否则干燥后将再吸收水分又达到平衡水分。在平衡阶段,温度不变,收缩停止,气孔也不再增加。最后,坯体孔隙中的水分被干燥到只剩下平衡水,就达到了平衡阶段。

从以上4个阶段可以看出,在等速干燥中,由于坯体收缩最大,所以干燥速度应缓慢进行,否则表面蒸发快,形成较大收缩,产生变形和开裂的干燥缺陷。在减速干燥阶段,坯体表面蒸发速度大于内部扩散速度,故干燥速度为扩散速度所控制,为加快干燥过程,可通过提高温度来加快扩散速度。

没有被干燥的坯体可视为由连续的水膜包围着的固体颗粒所组成,颗粒被水膜相互分开。干燥过程中随着自由水的排出,颗粒开始靠近使坯体产生收缩。自由水不断地排除直至坯体中的各颗粒接近到相互接触后,坯体基本上就不再收缩了。坯体在收缩过程中排除的自由水可称为"收缩水",排除"收缩水"的过程相当于干燥的等速干燥过程。若干燥继续进行,坯体中相互接连的各颗粒间的孔隙内的水开始排出,此时固体颗粒不再显著地靠近,收缩很小,孔隙逐渐被空气所占。由于坯体各颗粒相互靠近,使体内水分的内扩散阻力增大,干燥速度就随之降低,这就相当于进入降速干燥阶段。坯体的内扩散是指坯体内部水分移至表面的过程,内扩散主要靠扩散渗透力和毛细管的作用力,并遵循扩散定律。

如果坯体干燥过快或不均匀,则坯体内外层各部位收缩不一致而产生内应力。当内应力大于塑性状态的屈服值时,坯体就会发生变形与开裂,这是干燥过程中最常见的缺陷。

坯体的干燥与烧结的关系非常密切,只有处理好干燥过程中的技术问题,才能保证烧成制品的质量。

陶瓷坯体在干燥过程中,由于自由水分的挥发,其长度和体积逐渐产生收缩,称为干燥收缩。在烧成过程中坯体内产生一系列物理化学变化和易熔物质生成玻璃相填充于颗粒之间,使坯体产生收缩,称为烧成收缩。收缩率的大小是制备过程中必须考虑的主要工艺技术指标。收缩率过大的坯料,在干燥和烧成过程中容易产生变形和开裂等缺陷。

收缩率是指坯体经干燥或烧结后,其长度大小与原试样长度之比的百分数。

$$干燥收缩率 = \frac{a-b}{a} \times 100\%$$

$$烧成收缩率 = \frac{b-c}{b} \times 100\%$$

$$总收缩率 = \frac{a-b}{a} \times 100\%$$

式中，a 为干燥前尺寸；b 为干燥后尺寸；c 为烧成后尺寸。

5.2.3　烧结

1. 常压烧结

它是指坯件在常压下进行的烧结。其中有时也施有外加气压，但并不是以气压作为烧结的驱动力，而只是为了在高温范围内抑制坯件化合物的分解和组成元素的发挥。因此，仍属于常压烧结。采用什么烧结气氛由产品的性能需要决定，可以用保护气体加氩气和氮气，也可在真空或空气中进行。传统陶瓷多半在隧道窑中进行烧结。特种陶瓷主要在电炉中进行，包括电阻炉及感应炉等。

常压烧结工艺的优点是设备简单、制造成本低、易于制造形状复杂的制品，并便于批量生产。缺点是所获陶瓷材料的致密度和性能不及热压烧结高。

2. 热压烧结

它是将粉料或坯件装在热压模具（金属）中，置于热压高温烧结炉内加热，当温度升到预定的温度（正常烧结温度）时，对粉料或坯件施加一定的压力（金属模压成型压力的 $\frac{1}{10} \sim \frac{1}{3}$），在短时间内粉末被烧结成致密、均匀及晶粒细小的陶瓷制品。该方法是成型和烧结同时进行的一种方法，用它可以制取无孔的制品。

热压烧结的优点如下：

①晶粒的长大得到了有效的控制。实践表明,热压制品,特别是连续热压制品的晶粒尺寸,可以控制在 $1\sim1.5\mu m$。

②降低烧结温度,缩短烧结时间,降低成型压力,如氧化铝、SiC、Si_3N_4 系列材料的热压温度一般在 $1500℃\sim1800℃$ 下进行,烧结时间为 $30\sim50min$。连续热压烧结一般为 $10\sim15min$。成形压力,仅为金属模压压力的 $\frac{1}{10}\sim\frac{1}{3}$,一般热压制品所施加的压力在 $200\sim1000kg/cm^2$($1kg/cm^2=0.1MPa$)的范围内取值。

③防止出现成分挥发或分解。

④通过调整烧结温度、保温时间及外加压力等参数,控制材料的晶粒尺寸。

3. 等静热压烧结

它是一种在高压保护气体下的高温烧结方法,其等静压由高压气体提供,是一种成型和烧结同时进行的方法。它利用常温等静压工艺与高温烧结相结合的新技术,可使瓷体的致密度基本上达到 100%。该方法在炉体内有一个高压容器,要烧结的物体放在里面。粉末或压坯被密封在不透水的韧性金属套中或玻璃套中。温度上升到所需范围内,引入适当压力的中性气体,如 N_2 或 Ar,也就是说在一定温度下有效地施加等静压力。

4. 微波烧结

它是利用在微波电磁场中材料的介质损耗[①]使陶瓷加热至烧结温度而实现致密化的快速烧结的新技术。它的特点是加热过程在被加热物体整个体积内同时加热,升温迅速且温度均匀。

20 世纪 70 年代将微波加热技术用于注浆氧化铝瓷的烧结,其后又陆续用微波加热法对氧化铀、铁氧体及氧化锆等陶瓷材料的烧结进行了研究。

---

① 介质损耗指电介在电场的作用下,把部分电能转变为热能使介质发热。

微波与材料的相互作用是通过材料内部偶极子的产生和取向或原有偶极子的取向后即通过材料的极化过程进行的,这种极化过程需要从微波中吸收能量,最终以热量的形式耗损。材料单位时间内吸收的微波能与偶极子对交变微波场的响应能力有关,也与微波的角频率有关,即

$$P_A = \omega \varepsilon_0 \varepsilon_{eff}'' \frac{E_i^2}{2} V$$

式中,P_A 为材料单位内吸收的微波能;$\omega = 2\pi f$ 为微波的角频率;ε_0 为材料的真空介电常数;ε_{eff}'' 为有效介质损耗系数;E_i 为内部场强;V 为样品的体积。

微波烧结设备不是目前家用的普通微波加热器,而是由特殊微波源发生器的微波加热器。目前,为研究陶瓷烧结,通常频率为 2.45GHz 的微波炉。[①]

5.3 典型功能陶瓷材料及其应用

功能陶瓷材料有很多,在此不一一详述,主要讨论如下七种典型功能陶瓷材料及其应用。

5.3.1 电功能陶瓷

功能陶瓷应用最早和最多的是电功能陶瓷,因此,首先介绍电功能陶瓷。

1. 超导陶瓷

有一类金属材料在室温下是由电阻的点的良导体。随着温度的下降,这类金属的电阻也下降,当温度降低到某一温度以下时,它们的电阻会突然消失,该现象为超导电现象;目前高 T_c 超

---

① 李垚,唐冬雁,赵九蓬. 新型功能材料制备工艺[M]. 北京:化学工业出版社,2010.

导体的研究工作大致分为四个方面：更高 T_c 体系的探索、高 T_c 超导体机制的研究、高 T_c 超导体物理性质的测定与研究及高 T_c 超导体材料的制备与成材研究。

主要的超导陶瓷体系有：Y-Ba-Cu-O 系、La-Ba-Cu-O 系、La-Sr-Cu-O 系、Ba-Pb-Bi-O 系等。此外，Bi-Pb-Sr-Ca-Cu-O 系、Y-Ba，M-Cu-O(M 代表 Dy、Lu) 系以及 Yb、Er 和 Eu 的相应化合物，其临界温度 T_c 都高于 90K。

2. 压电陶瓷

从晶体结构来看，属于钙钛矿型、钨青铜型、焦绿石型、含铋层结构的陶瓷材料才具有压电性。目前应用广泛的压电陶瓷有锆酸酸铅（PZT）、锆钛酸铅镧（PLZT）等。

PZT 陶瓷生产的主要工序是：配料、预烧（合成）、球磨、成型、烧结、上电极、极化。原料一般是碳酸盐或氧化物，预烧的目的是合成单相 $Pb(ZrTi)O_3$。反应分阶段一般在 850℃～900℃进行，最后在 1200℃单相完成。预烧块经球磨后加入成型剂即可成型。成型剂的配比为：聚乙烯醇 15％，甘油 7％，酒精 3％，蒸馏水 75％。在 90℃下搅拌溶化，轧膜成型时，成型剂一般为粉料的 15％～20％。冷压成型时，成型剂只需加 5％，压坯在 800℃～850℃排除成型剂，大约在 1200℃烧结，烧结时要防止 PbO 挥发，通常将压坯埋在相同成分团熟料中。一般用银浆做电极，将其涂覆于经研磨后的烧结坯表面，在 750℃保温 10～20min，使铜浆中的氧化银还原成银，并渗入陶瓷表面形成牢固结合。烧结坯中的自发极化是杂乱取向的，没有压电性，所以使用前要进行极化处理。极化处理在高的直流电场（2.4～4.5kV·mm^{-1}）下进行，通常加热到 100℃～150℃，保温 20min。在高温下极化是为了减少电畴转向的阻力。[①]

---

① 李玲，向航. 功能材料与纳米技术[M]. 北京：化学工业出版社，2002.

5.3.2　介电陶瓷

金属具有丰富活泼电子,在外加电场作用下发生正负电荷的长程迁移,因而表现为导电性。介电性是指物质受到电场作用时,构成物质的带电粒子只能产生微观上的位移而不能进行宏观上的迁移的性质。它以分子或晶格正、负电荷重心不重合的电极化方式传递或记录电的作用和影响,电荷始终处于束缚状态并决定介电性质。宏观表现出对静电能的储存和损耗的性质,通常用介电常数 ε 和介电损耗来表示,ε 越大,说明介电性越强,介电损耗越大,电场作用下材料结构电极化程度越高,正负电荷分离越严重。当在高电压作用下,正负电荷"挣脱"相互束缚,发生长程迁移,进入导体状态,即材料被"击穿"。绝缘体也不存在可自由迁移的电荷,材料中正负电荷均处于相互束缚状态。但绝缘体概念强调高电阻和正负电荷的束缚更为紧密,外电场下更不容易被极化,一般要求介电常数与介电损耗较小。因而,相对于介电材料只是程度上的差异,世上没有绝对不能被电极化的材料。理论上来说,介电材料也属于绝缘体,但相对于绝缘材料,更强调其可极化特征。

如果按材料体积电阻率进行分类,则超导体、导体、半导体、绝缘体所对应的电阻率如表 5-2 所示。

表 5-2　各类材料电阻率

材料类别	超导体	导体	半导体	绝缘体
电阻率/$\Omega \cdot cm$	$\rightarrow 0$	$< 10^{-2}$	$10^{-2} \sim 10^{9}$	$> 10^{9}$

陶瓷根据其电性能特征可以分为绝缘陶瓷、介电陶瓷、压电陶瓷、导电陶瓷及超导陶瓷。

1. 绝缘陶瓷

绝缘陶瓷一般要求介电常数 $\varepsilon \leqslant 9$,介电损耗 $\tan\delta$ 在 $2 \times 10^{-4} \sim$

9×10^{-3}之间,电阻率要求大于 $10^{10}\,\Omega\cdot cm$。基于能带理论,一般将禁带宽度 E_g 大于几个电子伏特的陶瓷归入绝缘陶瓷,陶瓷半导体的 E_g 小于 2eV,几种陶瓷绝缘体和半导体的带宽列于表 5-3。

表 5-3　陶瓷禁带宽度 E_g

材料	键型	E_g/eV	材料	键型	E_g/eV
Si	共价键	1.1	TiO_2	离子键	3.05~3.8
GaAs	共价键	1.53	ZnO	离子键	3.2
金刚石	共价键	6	Al_2O_3	离子键	10
$BaTiO_3$	离子键	2.5~3.2	MgO	离子键	>7.8

大多数陶瓷属于绝缘体,少部分属于半导体、导体,甚至超导体。相对于金属导体和高分子绝缘体,陶瓷具有非常宽广的电气性能。陶瓷存在电子载流子和离子式载流子,但由于陶瓷禁带很宽,室温附近,价带电子不容易受激跃迁至导带形成电子导电,因此,离子扩散是陶瓷导电的主要机理。陶瓷离子电导率受离子荷电量与扩散系数影响,荷电量与体积均较小的离子迁移容易,可导致较高导电性,特别像陶瓷中的碱金属离子就具有该特征,因而陶瓷材料中的 Na^+ 强烈降低其绝缘性。

基于天然矿物的绝大多数氧化物陶瓷为绝缘体,如黏土和滑石陶瓷等。主晶相为 $\alpha\text{-}Al_2O_3$ 的氧化铝系陶瓷中,氧化铝的含量对其电性能有较大影响,随氧化铝含量降低,其力学强度降低,介电损耗变大。除化学成分上的影响,陶瓷电绝缘性还与其介观组织形态和构成有关。一般陶瓷包含主晶相、气孔相及粘接于晶粒间的无定形玻璃相,晶相与气孔相电绝缘性很好,陶瓷整体的电绝缘性由玻璃相的化学性质决定,为避免玻璃相出现大量无定形硅酸钠结构,绝缘陶瓷玻璃相应尽可能由硅玻璃、硼玻璃、铝硅玻璃及硼硅玻璃构成,以消除玻璃相无机网络中 Na^+ 的阴离子结合位。

绝缘陶瓷除了对电性能方面有要求,还要求具有较高的力学强度、耐热性和高导热性。来自硅酸盐材料的氧化物陶瓷是最主要的绝缘陶瓷家族,包括主晶相为莫来石($3Al_2O_3\cdot SiO_2$)的普通陶瓷、主晶相为刚玉。α-Al_2O_3 的氧化铝陶瓷及主晶相为含镁硅酸盐的镁质陶瓷(MgO-Al_2O_3-SiO_2 系)可作为固定高压电线的瓷碍子。其他氧化物绝缘陶瓷还包括高导热的 BeO 绝缘陶瓷;由高岭土与 $BaCO_3$ 烧制而成的钡长石瓷($BaO \cdot Al_2O_3 \cdot 2SiO_2$)高温介电损耗小,用作电阻瓷。非氧化物类陶瓷包括 AlN、Si_3N_4、SiC 及 BN 等,属于高导热绝缘陶瓷。

2. 介电陶瓷

介电陶瓷(dielectric ceramic)在电场作用下将发生极化,材料中正负电荷发生短程的相对分离,正负电荷重心变得不重合,但电荷仍然互相束缚,不能长程迁移,这时形成的束缚态电荷分离就是电偶极子,结果在材料表面形成感生异性电荷,可以看作将外加电场电能转换存放于材料上,并可在一定条件下(撤除外电压)部分释放出电能,该过程与充放电相似,伴随电能损失,表现为材料发热,即介电损耗。某些陶瓷材料由于晶格对称性较低,本身存在正负电荷重心不重叠,自发产生偶极子,这种陶瓷称为铁电陶瓷,是结点陶瓷中的特殊类别。介电陶瓷亦称介质瓷,通常作为陶瓷电容器,广泛应用于电子工业制造。用作高频温度补偿陶瓷电容器,可稳定振荡电路谐振频率。当材料的不对称分布(也就是电极子)有两个方向的时候,温度差异也会导致电极子,这种材料称为热释电材料。

作为高频介质瓷,要求陶瓷在高频电场(1MHz)下具有适中至较高的介电常数(8.5~900),高频介电损耗小,$\tan\delta$ 小于 6×10^{-4}。相对较大的介电常数为小尺寸高频电容器发展提供了材料基础。高频陶瓷主要由碱土金属和稀土金属的钛酸盐或它们的固溶体构成,$CaTiO_3$ 是目前用量最大的电容器陶瓷,由 $CaCO_3$ 与 TiO_2 高温烧制而成,介电常数和负的介电常数温度系数值都很大,用做小型高容量高频电容器。其他可作为电容器的介电陶瓷还包括金红石瓷、钛酸锶瓷、钛锶铋瓷、硅钛钙瓷、钛酸镁瓷、镁镧钛瓷及锡酸钙瓷等。钛酸锶瓷在其居里温度 $-250°C$ 以下表现为铁电陶瓷特性,介电常数高达 2000,实际使用一般都在室温附近,表现为非铁介电性,介电常数 $270\sim300(0.5\sim5\mathrm{MHz})$。

作为微波介质瓷主要用于制造介质谐振器、滤波器、微波集成电路基片和元件、介质导波及介质天线等电子元器件。微波介质瓷要求具备高的品质因素(Q)、小的损耗因子、低的介电常数温度系数(α_ε,接近零的负值)和适当较高的介电常数 ε,高 Q 值可缩小谐振器的尺寸,是期间小型化、集成化的前提条件。一般要求微波介质瓷 $\varepsilon=30\sim200$,$Q\geqslant3000$。有代表性的微波介质瓷包括 $BaO\text{-}TiO_2$ 体系、钙钛矿型陶瓷、$(Ba,Sr)ZrO_3$、$CaZrO_3$、$Ca(Zr,Ti)O_3$、$Sr(Zr,Ti)O_3$ 及 $(Ba,Sr)(Zr,Ti)O_3$ 等。

3. 铁电陶瓷和压电陶瓷

铁电陶瓷(ferroelectric ceramic)是一类较为重要的电子功能陶瓷,典型的铁电陶瓷是 $BaTiO_3$ 和以 $BaTiO_3$ 为基体的固溶体,其结构上最大特点是随温度变化,晶相结构发生改变。随温度降低,$BaTiO_3$ 从立方相向正交相、菱方相转变,其中只有立方相是顺电相,其余均为铁电相。

$BaTiO_3$ 铁电陶瓷具有很高的介电常数,特别是在其居里点 $T_c(120℃)$ 附近,ε 可高达 6000,远大于普通高频介质瓷的介电常数;铁电瓷的 ε 随温度变化无线性关系;其损耗因子为 $0.01\sim0.02$(一般介电陶瓷约 10^{-4} 数量级),电场环境下伴随较大热效应;$BaTiO_3$ 铁电陶瓷的 T_c 过高,不利于常温使用。这些状况不利于 $BaTiO_3$ 作为铁电陶瓷使用,一般需要在陶瓷制造过程中,通过添加剂改变其 ε、$\tan\delta$ 和 T_c,以适应使用要求。通常使用改性剂或在 $BaTiO_3$ 晶格中形成置换固溶相,或是其他形式的掺杂改性。依据置换固溶体电荷、离子直径相近原则,置换 Ba^{2+} 的有 Ca^{2+}、Sr^{2+} 及 Pb^{2+} 等,置换 Ti^{4+} 的有 Zr^{4+} 等。掺杂改性则包括固溶置换以外其他形式的改性,如电荷不匹配的 La^{3+}、Cd^{3+} 和 Dy^{3+} 部分取代 Ba^{2+};尺寸不匹配的 Nb^{4+}、Ta^{5+} 取代 Ti^{4+} 等,这些添加剂在钛酸钡中溶解度较小,但可大幅改善介电性能。

　　钛锆酸铅(PZT)是目前最有代表性的压电陶瓷(piezoelectric ceramics)材料,其晶格为立方晶型,其中的氧八面体中心包夹一Ti 或 Zr 离子,此时晶胞具有高度对称性,正负电荷重心重合[图5-4(a)]。当降低温度至其居里点以下时,晶格发生转变,由高度对称的立方晶系转变为对称性略低的四方晶系,其中变形氧八面体中包夹的 Ti 或 Zr 离子由于受到挤压,且有足够的运动空间,将不再位于晶胞中央位置,而沿 Z 轴偏离[图 5-4(b)],导致晶胞正负电荷中心不重合,出现电极化,形成偶极子,大量的偶极子随机取向,宏观仍表现为电中性,即晶体表面均不带电荷。在外电场强制作用下,这些偶极子发生高度取向,极化同时也被强化。撤除电场后,极化取向虽有一定"消退",但仍可能保持较高的极化取向度,该状态的晶体即具有压电性。

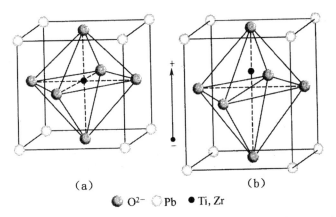

(a)　　　　　　　　(b)

◉ O^{2-}　○ Pb　● Ti, Zr

图 5-4　PZT 晶格畸变与电荷不对称性变化

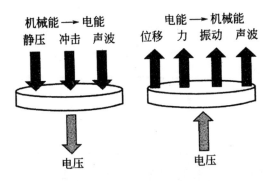

图 5-5　压电陶瓷功能原理图

晶体和陶瓷是压电材料的两类主要分支,柔性材料则是另一分支,它是高分子聚合物。基于压电陶瓷最为关键能量转换功能,可将机械能转变为电能,或逆向转换(图 5-5),同时具有存储保留外来刺激的性能,为压电陶瓷应用提供了基础。

压电陶瓷大致上可分为压电振子和压电换能器两大类。几种压电材料的主要性能列于表 5-4。

表 5-4 压电陶瓷应用领域及举例

应用领域		举例
电源	压电变压器	雷达,电视显像管,阴极射线管,盖克计数管,激光、电子复印机等高压电源和压电点火装置
信号源	标准信号源	振荡器、电压音叉及压电音片等用作精密仪器中的时间和频率标准信号源
信号转换	电声转换	拾音器、送话器、受话器、检声器及蜂鸣器等声频范围的电声器件
	超声换能器	超声切割、焊接、清洗、搅拌、乳化及超声成像等频率高于 20kHz 的超声器件
发射与接收	超声换能器	探测地质结构、油井固实程度,探伤、测厚、催化反应和疾病诊断等
	滤波器	水下导航定位、通讯探测声呐及超声探鱼等
信号处理	放大器	声表面波信号放大器以及振荡器、混频器及衰减器等
	表面波导	声表面波传输线
传感与计测	加速度计压力计	航天航空领域测定飞行加速度,自动控制开关、污染检测用振动计、流速计、流量计和液面计等
	角速度计	测控飞行器航向的压电陀螺
	红外探测器	检测大气变化、非接触式探温、热成像、热电探测及跟踪等
	微位移计	激光稳频补偿元件、显微加工等
存储显示	调制	用于电光、声光调制,光闸,光变频器和光偏转器
	存储	光信息存储器,声光显示器等
	显示	压电继电器等

　　压电陶瓷的应用十分广泛,最典型的应用是蜂鸣器和安全报警器,把陶瓷素坯轧成像纸一样的薄片烧成后,在它的两面做上电极,然后极化,这样陶瓷就具有压电性了,然后再把它与金属片黏合在一起,就做成一个蜂鸣器和安全报警器。

　　超声马达是压电陶瓷应用中一个引人注目的新领域。清华大学物理系超声马达研制组在 2001 年研制成功的超声波马达直径为 1mm 的弯曲旋转。

5.3.3　导电陶瓷

　　传统硅酸盐陶瓷、氧化物,都是离子晶体,对于没有晶体缺陷和未掺杂的陶瓷晶相,由于缺乏显著的载流子,其导电性往往较差。事实上,绝大多数传统陶瓷可以作为电绝缘材料使用。20 世纪初,曾发现碘化银 AgI 晶体在 146℃以上具有异常高的离子电导率。研究证明,如在离子晶体结构中存在着非密堆积或一定量的空位、间隙离子等缺陷,则可借助这些缺陷实现某些离子的扩散。在外电场作用下,这些离子晶体可通过上述离子的迁移而导电,其导电性能与强电解质液相近,因而称作固体电解质,或快离子导体。

　　某些氧化物陶瓷加热时,处于原子外层的电子可以获得足够的能量,以便克服原子核对它的吸引力,而成为可以自由运动的自由电子,这就是电子导电陶瓷。一般离子晶体尽管导电性差,但其束缚离子和束缚电子在外电场作用都有一定运动倾向,存在很弱的离子导电和电子导电性,且多为离子导电,电子导电很微弱。玻璃基本上是离子电导,陶瓷通常由晶相和玻璃相组成,其导电性在很大程度上取决于玻璃相。

1. 电子导电陶瓷

　　现代陶瓷还包括碳化物、氮化物、硼化物和硅化物等。通常硅化物、硼化物的化学键是金属键和共价键共存。过渡金属的碳化物、氮化物以金属键为主，共价键为辅。非金属元素的碳化物、氮化物以共价键为主，金属键为辅。这几类化合物构成的陶瓷都是电子导电，SiC、$MoSi_2$ 电热材料属这一类。

氧化铝陶瓷、氧化钍陶瓷及由复合氧化物组成的铬酸镧陶瓷，都是新型的高温电子导电材料，可作为高温设备的电热材料。它们与金属电热体相比，最大的优点就是更耐高温和有良好的抗氧化能力。现在常用的两种陶瓷导电材料：碳化硅及二硅化钼，它们的使用温度也比不上氧化铝、氧化钍及铬酸镧陶瓷。碳化硅的最高使用温度为 1450℃，二硅化钼的最高使用温度为 1650℃，但它的机械强度不高，质地很脆。

2. 离子导电陶瓷

在电解质溶液中，电导主要来自带电离子的运动；而在固态离子型晶体中，带电离子以扩散的形式发生，从而产生离子导电。离子在晶体中扩散是通过取代晶格空位的方式进行的。一般情况下，这类运动取向混乱，宏观上不产生电流。然而，在电场作用下，离子沿电场方向运动的概率增大，从而产生离子电流。

目前已发现的固体电解质超过 300 种。从导电性能上，有一维、二维、三维导电之分。从结构上看，一维导体多具单向隧道结构；二维导体多属层状结构，离子容易在层内迁移，有较高的电导率。典型的有 $\beta\text{-}Al_2O_3$，它是含有单价阳离子的多铝酸盐。一维、二维的导电是"各向异性"的。三维导体常具有骨架状结构，其导电性最好，如多面体连接的 Li_3N 和人工合成的 $Na_{1+x}Zr_2P_{3-x}Si_xO_{14}$ 等。实际应用的固体电解质有稳定氧化锆和 $Na\text{-}\beta\text{-}Al_2O_3$ 等。

$(ZrO_2+7\%CaO)$、$Na_2O \cdot 11Al_2O_3$ 等离子晶体具有很高的电导率，在固态时的电导率相当于液体电解质的电导率水平，这类材料称为快离子导体或固体电解质。

快离子导体可分为阳离子导体（例如 Ag^+、Cu^+、Li^+ 及 Na^+）和阴离子导体（F^- 和 O^{2-}）两大类。

钠离子导体包括 $\beta\text{-}Al_2O_3$、$NaSiCO_n$ 和 $NaMSi_4O_{12}$ 系。$\beta\text{-}Al_2O_3$ 的

通式为 $nA_2O_3 \cdot M_2O$,A 代表三价金属 Al^{3+}、Ga^{3+} 及 Fe^{3+} 等,M 代表一价离子 Na^+、K^+ 及 H_3O^+ 等。$\beta\text{-}Al_2O_3$ 的理论式是 $Na_2O \cdot 11Al_2O_3$,$\beta'\text{-}Al_2O_3$ 为 $Na_2O \cdot 5.33Al_2O_3$。在较低温下生成 $\beta'\text{-}Al_2O_3$,较高温度下生成 $\beta\text{-}Al_2O_3$,β 相和 β''-相可共存。$\beta\text{-}Al_2O_3$ 用作高能固体电解质蓄电池钠硫电池的隔膜,可用作汽车动力。

氧离子导体有萤石结构氧化物(ZrO_2、HfO_2 及 CeO_2 等)和钙钛矿结构氧化物($LaAlO_3$ 和 $CaTiO_3$)。二价碱土氧化物(CaO)或三价稀土氧化物(Y_2O_3)稳定的氧化锆是广泛应用的氧离子导体。由于低价的 Ca^{2+} 和 Y^{3+} 取代了高价的 Zr^{4+},又必须满足电中性条件,必然产生阴离子空位,其中的氧离子就可通过空位而导电。这种稳定的 ZrO_2,已用作高温燃料电池中的固体电解质,能在 800℃～1000℃ 下工作,可高效地使天然气或液化煤气经氧化反应,将化学能直接转变为电能,有广阔的应用前景。如将 ZrO_2 固体电解质制成氧浓差电池。在 650℃～860℃ 的温度下工作,可测出浓度极低(每千克几毫克)且分压极小($10^{-7}Pa$)的氧气来。$Na\text{-}\beta\text{-}Al_2O_3$ 固体电解质已用于在 300℃ 下工作的高能量密度 Na-S 电池中,其电导率高、强度高且化学稳定性好,它无自放电现象,不放出气体,无污染,无噪声,已作动力源使用。

$$Na_2S_x \underset{\text{放电}}{\overset{\text{充电}}{\rightleftharpoons}} 2Na + xS$$

稳定的氧化锆陶瓷在高温时不仅产生电子导电,也会因氧离子的运动而产生离子导电。因此,凡是在高温情况下需要测量或控制氧气含量的地方,都可以采用氧化锆陶瓷氧气敏感元件,这种元件在节能和防止大气污染方面都发挥作用。据固体电解只能让特定离子迁移、通过的特性,可制成各种离子选择性电极,用来分析各种溶液的组成或混合气体中某组分气体。

5.3.4　敏感性陶瓷

敏感陶瓷多属半导体陶瓷,半导体陶瓷一般是氧化物。在正常条件下,氧化物具有较宽的禁带($E_g > 3eV$),属绝缘体,要使绝缘体变成半导体,必须在禁带中形成附加能级,施主能级或受主能级,施主能级多靠近导带底,而受主能级多靠近价带顶。它们的电离能较小,在室温可受热激发产生导电载流子,形成半导体。通过化学计量比偏离或掺杂的办法,可以使氧化物陶瓷半导化。

在实际生产中,通常通过掺杂使陶瓷半导化。在氧化物晶体中,高价金属离子或低价金属离子的替位,都可以引起能带畸变,分别形成施主能级或受主能级,得到 n-型或 p-型半导体。多晶陶瓷的晶界是气体或离子迁移的通道和掺杂聚集的地方。晶界处易产生晶格缺陷和偏析。晶粒表层易产生化学计量比偏离和缺陷。这些都导致晶体能带畸变,禁带变窄,载流子浓度增加。晶粒边界上离子的扩散激活能比晶体内低得多,易引起氧、金属及其他离子的迁移。通过控制杂质的种类和含量,可获所需的半导体陶瓷。

根据所利用的显微结构的敏感性,半导体陶瓷可分为如下三类:

①利用晶粒本身的性质:负电阻温度系数(NTC)热敏电阻、高温热敏电阻和氧气传感器。

②利用晶界性质:正电阻温度系数(PTC)热敏电阻和 ZnO 压敏电阻。

③利用表面性质:气体传感器,湿度传感器。

陶瓷材料可以通过掺杂或者使化学计量比偏离而造成晶格缺陷等方法获得半导性。半导体陶瓷的共同特点是:它们的导电性随环境而变化,利用这一特性,可制成各种不同类型的陶瓷敏感器件,如热敏、气敏、湿敏、压敏及光敏陶瓷等。

1. 热敏陶瓷

热敏陶瓷(thermistor)是指对温度变化敏感的陶瓷半导体材料,其电阻率约为 $10^{-4} \sim 10^{7} \Omega \cdot cm$。按其应用性能,可以分为热敏电容、热敏电阻及热释电材料三类(图 5-6),其中以热敏电阻应用最为广泛。

热敏电阻是利用材料的电阻随温度发生变化的现象,用于温度测定、线路温度补偿和稳频等的元件。根据其电阻随温度变化的特点规律,热敏电阻可以分成三类:电阻随温度升高而增大的热敏电阻称为正温度系数热敏电阻(PTC,positive temperature coefficient),电阻随温度的升高而减小的称负温度系数热敏电阻(NTC,negative temperature coefficient)。电阻在某特定温度范围内急剧变化的称为临界温度电阻(CTR,critical temperature resistor)。电阻随温度呈直线关系的称为线性热敏电阻。图 5-7 是几种热敏陶瓷的电阻-温度特性。

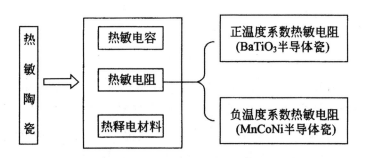

图 5-6　热敏陶瓷分类

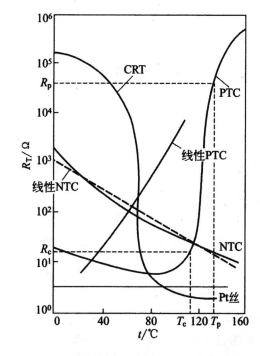

图 5-7　几种热敏陶瓷的电阻温度曲线

PTC 热敏电阻陶瓷是一种以掺杂 $BaTiO_3$ 为主要成分的半导体功能陶瓷材料,其电阻值随温度升高而增大,特别是在居里温度点附近电阻值跃升有 $3\sim7$ 个数量级。$BaTiO_3$ 的 PTC 效应与其铁电性相关,其电阻率突变同居里温度 T_c 相对应。但是,没有晶界的 $BaTiO_3$ 单晶不具有 PTC 效应。只有晶粒充分半导化,晶界具有适当绝缘性的 $BaTiO_3$ 陶瓷才具有 PTC 效应。在氧化物中,掺入少量高价或低价杂质离子,引起氧化物晶体的能带畸变,分别形成施主能级和受主能级。从而形成 n-型或 p-型半导体陶瓷。一般采用掺杂施主金属离子使晶粒充分半导化,在高纯 $BaTiO_3$ 陶瓷中,用 La^{3+}、Ce^{4+}、Sm^{3+}、Dy^{3+}、Y^{3+}、Sb^{3+} 及 Bi^{3+} 等置换 Ba^{2+},或用 Nb^{5+}、Ta^{5+} 及 W^{6+} 等置换 Ti^{4+}。掺杂量一般在 $0.2\%\sim0.3\%$ 之间,稍高或稍低均可能导致重新绝缘化。在制备 $BaTiO_3$ 热敏陶瓷时,采用氧气氛烧结使晶界及其附近氧化,具有适当的绝缘性,缓慢冷却也使晶界氧化充分,PTC 效应增强。

陶瓷烧成晶粒大小与正温度系数、电压系数及耐压值有密切的关系。一般说来,要获得细晶陶瓷,首先要求原料细、纯、匀、来源稳定,其次可通过添加一些晶粒生长抑制剂,达到均匀细小晶粒结构的目的。此外,加入玻璃形成剂和控制升温速度也可以抑制晶粒长大。

PTC 系列热敏电阻已广泛应用于 T-32 业电子设备、汽车及家用电器等产品中。除掺杂钛酸钡外,另一类重要的 PTC 热敏电阻是基于氧化钒的掺杂陶瓷,也获得了较多应用。

NTC 热敏电阻泛指负温度系数很大的半导体陶瓷或元器件。它是以锰、钴、镍和铜金属氧化物为主要材料,采用陶瓷工艺制造而成的。NTC 热敏电阻器在室温下的变化范围为 $10^2\sim10^6\,\Omega$,温度系数多为 $-6.5\%\sim-2\%$。按照使用温度,可将 NTC 热敏电阻分为低温($-130℃\sim0℃$)、常温($-50℃\sim350℃$)及高温($>350℃$)三种类型。NTC 热敏电阻器广泛应用于温度测量、温度补偿及抑制浪涌电流等场合。

NTC 热敏电阻通常都是以 Mn_3O_4 为主材料,引入少量与主成分金属离子种类不同、电价不等的金属离子，产生不等价置换，如 CoO、NiO、CuO、Fe_2O_3 等组元。在还原气氛或氧化气氛中烧结形成半导体陶瓷，分别产生 n-型或 p-型半导体，形成电子或空穴导电。NTC 热敏电阻陶瓷大多数是尖晶石结构或其他结构的氧化物陶瓷，主要成分是 CoO、NiO、MnO、CuO、ZnO、MgO、Fe_2O_3、Cr_2O_3、ZrO_2、TiO_2 等。

常温 NTC 热敏电阻陶瓷根据组元数，可分为二元系和三元系氧化物。常用的二元系 NTC 热敏电阻材料包括 MnO-CoO-O_2、MnO-CuO-O_2、MnO-NiO-O_2、CoO-CuO-O_2、CoO-NiO-O_2、CuO-NiO-YO_2 系等。MnO-CoO-O_2 系陶瓷含锰量 $23\%\sim60\%$，主晶相是立方尖晶石 $MnCo_2O_4$ 和四方尖晶石 $CoMn_2O_4$。主要导电相是 $MnCo_2O_4$，其导电机制是全反尖晶石氧八面体中 Mn^{4+} 和 Co^{2+} 的电子交换。MnO-CuO-O_2 系主晶相和导电相是 $CuMn_2O_4$。该系的电阻值范围较宽，温度系数较稳定，但电导率对成分偏离敏感，重复性差。MnO-NiO-O_2 系陶瓷的主晶相是 $NiMn_2O_4$。二元 NTC 热敏电阻的性能对组分波动敏感，组分稍有变化，电导率就可能变化几个数量级，使产品一致性和重复性差。三元系有 MnO-CoO-NiO-O_2、MnO-CuO-NiO-O_2、MnO-CuO-CoO-O_2 系氧化物等。

高温 NTC 热敏陶瓷是指工作温度 300℃ 以上的材料。一般要求熔点高、性能稳定、热敏感性高、电阻温度系数大，元件烧成后，与电极的接触状态好、可通过调整配方和晶粒度能够改变电阻的温度特性。高温热敏陶瓷多是高熔点的立方晶系陶瓷。主要有两类：ZrO_2-CaO、ZrO_2-Y_2O_3 等萤石型结构陶瓷与 Al_2O_3、MgO 为主要成分的尖晶石型陶瓷。β-SiC 也可用作高温热敏电阻，SiC 中掺氮可得到 p-型半导体。

NTC 热敏电阻陶瓷主要用于温度补偿（用于石英振荡器，$2\sim3$ 个 NTC）、抑制浪涌电流、温度检测（热水器、空调、厨房设备、办公用品、汽车电控等）。此外，NTC 热敏电阻陶瓷在现代电气制造领域应用越来越广泛，作为片式 NTC 热敏电阻，主要应用在移动电话、手提电脑、液晶显示器、个人计算机、传真机以及汽车工业。近年来，随着移动通讯、计算机、消费类电子产品（如彩电、VCD、DVD、LD、CD 等）、办公自动化设备、汽车电子装备以及军用无线电设备和航空、航天高新数字电子技术产品在我国的迅猛发展，国内市场对片式化 NTC 热敏电阻的需求与日俱增，市场前景大为看好。

2. 气敏陶瓷

它是吸收某种气体后电阻率发生变化的一种功能陶瓷。通常分为半导体式和固体电解质式。按材料成分分为金属氧化物系列（SnO_2、ZnO、Fe_2O_3、ZrO_2）和复合氧化物系列（通式为 ABO_3）。

半导体气敏陶瓷的导电机理主要有能级生成理论和接触粒界势垒理论。按能级生成理论，当 SnO_2、ZnO 等 n-型半导体陶瓷表面吸附还原性气体时，陶瓷电阻值下降；当 n-型半导体陶瓷表面吸附氧化性气体时，陶瓷电阻值增大。[①] 接触粒界势垒理论则依据多晶半导体能带模型，在多晶界面存在势垒，当界面存在氧化性气体时势垒增加，存在还原性气体时势垒降低，从而导致阻值变化。

半导体陶瓷的气敏特性同气体的吸附作用和催化剂的催化作用有关。气敏陶瓷对气体的吸附分为物理吸附和化学吸附两种。SnO_2 气敏陶瓷的特点是灵敏度高，ZnO 气敏陶瓷的气体选择性强。图 5-8 是 SnO_2 和 ZnO 半导体气敏电阻的灵敏度随温度变化的曲线，被检测气体为浓度 0.1% 的丙烷。室温下，SnO_2 能吸附大量气体，但其电导率在吸附前后变化不大。在 100℃ 以后，气敏电阻的电导率随温度的升高而迅速增加，至 300℃ 达到最大

---

① 当 SnO_2、ZnO 等 n-型半导体陶瓷表面吸附还原性气体时，气体将电子给予半导体，并以正电荷与半导体相吸，而进入 n-型半导体内的电子又束缚少数载流子空穴，使空穴与电子的复合率降低，增大电子形成电流的能力，使陶瓷电阻值下降；当 n-型半导体陶瓷表面吸附氧化性气体时，气体将其空穴给予半导体，并以负离子形式与半导体相吸，而进入 n-型半导体内的空穴使半导体内的电子数减少，因而陶瓷电阻值增大。

值然后下降。在 300℃ 以下,物理吸附和化学吸附同时存在,化学吸附随温度提高而增加。对于化学吸附,陶瓷表面所吸附的气体以离子状态存在,气体与陶瓷表面之间有电子交换,对电导率的提高有贡献。超过 300℃ 之后,由于解吸作用,吸附气体减少,电导率下降。ZnO 的情况同 SnO_2 类似,但其灵敏度峰值温度出现在 450℃ 左右。

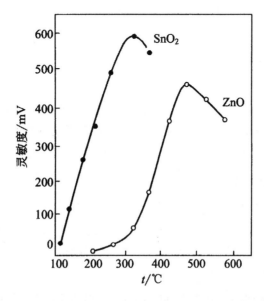

图 5-8　气敏陶瓷检测灵敏度与温度关系曲线

利用气敏元件检测气体时,气体的吸附和脱离速度要快。但是,在常温附近,这个过程进行得很慢。为了提高响应速度和灵敏度,需要加热到 100℃ 以上,接近灵敏度峰值温度工作。因此,在制备气敏元件时,要在半导体陶瓷烧结体内埋入金属丝,作为加热丝和电板。

例如,在 SnO_2 中添加 2％(质量分数)的 $PdCl_2$ 就可大大提高它对还原性气体的灵敏度。研究表明,在添加 $PdCl_2$ 的 SnO_2 气敏元件中,Pd 主要以 PdO 的形态存在,PdO 与气体接触时可在较低温度下使 PdO 被还原为金属 Pd 并放出 O^{2-} 离子,从而增加了还原性气体的化学吸附,由此提高气敏元件的灵敏度。可以用作半导体陶瓷气敏元件的催化剂有:Au、Ag、Pt、Pd、Ir、Rh、Fe 以及一些金属盐类。

氧化锡系是最广泛应用的气敏半导体陶瓷。氧化锡系气敏元件的灵敏度高,而且出现最高灵敏度的温度较低,约为 300℃(ZnO 则在 450℃),因此,可在较低温度下工作。通过掺加催化剂可以进一步降低氧化锡气敏元件的工作温度。为了改善 SnO_2 气敏材料的特性,还可以加入一些添加剂,例如,添加 $0.5\%\sim3\%$(摩尔质量)Sb_2O_3 可以降低起始阻值;涂覆 MgO、PbO 及 CaO 等二价金属氧化物可以加速解吸速度;加入 CdO、PbO 及 CaO 等可以改善老化性能。

SnO_2 气敏半导体陶瓷对可燃性气体或芳香族气体都有相当高的灵敏度。烧结型氧化锡气敏传感器,由氧化锡烧结体、内电极和兼做电极的加热线圈组成。利用氧化锡烧结体吸附还原气体时电阻减少的特性,检测还原气体,已广泛用于家用石油液化气的漏气报警器、生产用探测警报器和自动排风扇等。氧化锡系半导体陶瓷属 n-型半导体。加入微量 $PdCl_2$ 或少量 Pt 等贵金属催化剂,可促进气体的吸附和解吸,提高灵敏度和响应速度。氧化锡系气敏传感器对酒精和一氧化碳特别敏感,广泛用于一氧化碳报警和工作环境的空气监测。

ZnO 气敏陶瓷出现最早,属 n-型半导体,气敏灵敏度略逊于 SnO_2 陶瓷,其灵敏度与催化剂种类关系较大。为进一步改善其感应选择性和灵敏度提供了空间,常用 Ga_2O_3、Sb_2O_3 及 Cr_2O_3 等掺杂,并加入 Pt 或 Pd 作为催化剂,感应选择性大幅提高。Pt 催化时,对丁烷非常灵敏;Pd 催化时,对 H_2 和 CO 很敏感。

Fe_2O_3 气敏陶瓷发展稍晚,20 世纪 80 年代兴起,已发展成为继 SnO_2、ZnO 陶瓷之后的第三大气敏陶瓷产品。它无需贵金属作为催化剂即可获得较好灵敏性和稳定性,具一定选择性,但灵敏度不及 SnO_2 和 ZnO 陶瓷,工作温度偏高,在天然气、煤气及石油液化气等泄漏报警方面有一定应用,有 $\gamma\text{-}Fe_2O_3$ 与 $\alpha\text{-}Fe_2O_3$ 类型。

3. 湿敏陶瓷

湿敏陶瓷是指电阻随环境湿度而变化的一类功能陶瓷。与高分子湿敏材料相比,其测湿范围宽、工作温度高(可达 800℃)、工艺简单、成本较低,多用于制造湿度测量仪器。湿敏陶瓷通常按湿敏特性分为负特性湿敏陶瓷和正特性湿敏陶瓷。前者随湿度增加电阻率减小;后者随湿度增加电阻率增加。此外,按应用又分为高湿型、低湿型和全湿型三种,分别适用于相对湿度 RH 大于 70%、小于 40% 和等于 0~100% 的湿度区。常用的湿敏陶瓷有 $MgCr_2O_4$-TiO_2 系、TiO_2-V_2O_5 系、ZnO-Li_2O-V_2O_5 系、$ZrCr_2O_4$ 系和 ZrO_2-MgO 系,其结构多属尖晶石型和钙钛矿型。

湿敏陶瓷的湿敏机理尚无定论。在对 $MgCr_2O_4$-TiO_2 系等尖晶石型湿敏陶瓷的研究中,曾提出离子导电理论,即陶瓷中变价离子与水作用,离解出 H^+,导致材料阻值下降。随后又提出电子导电理论,即半导体表面吸附水后,表面形成新的施主态(或受主态),改变了原来的本征表面态密度,表面载流子增加,材料阻值下降。但经部分实验,又提出综合导电理论,即低湿下以电子导电为主,高湿下以离子导电为主。

$MgCr_2O_4$-TiO_2 多孔陶瓷的导电性由于吸附水而增高,其导电机制是离子导电。质子是主要的电荷载体。多孔陶瓷晶粒接触颈部表面的 Cr^{3+} 和吸附水反应,使化学吸附在颈部的水蒸气形成氢氧基 OH,Cr^{3+}—OH 变成 Cr^{4+}—OH 时就提供了可活动的质子 H^+。当相对湿度大时,物理吸附水不但存在于颈部区域,而且存在于陶瓷晶粒的平表面和凸面部位,形成多层的氢氧基。氢氧基可能和水分子形成水合离子 H_3O^+。当存在大量吸附水时,H_3O^+ 会水解,使质子传输过程处于支配地位。金属氧化物陶瓷表面不饱和键的存在,很容易吸附水。但是,$MgCr_2O_4$-TiO_2 表面形成的水分子很容易在压力降低或温度高于室温时脱附。

$MgCr_2O_4$-TiO_2 多孔陶瓷已用于微波炉的自动控制,还可制成对气体、湿度及温度具有敏感特性的多功能传感器。

4. 压敏陶瓷

一般固定电阻器的阻值不会随外加电场改变而变化,电压与电阻值之间表现为线性关系,即通过该电阻器的电流 I 与电压 V 之比为定值。压敏陶瓷则相反,它是一种电阻值对外加电压敏感的功能陶瓷,阻值随外加电压呈非线性变化,I 与 V 之比不再为定值。电压很小的增量,可引起较大的电流上升。因此压敏陶瓷又称为压敏电阻(voltage dependent resistor,VDR),常被用作变压敏变阻器(varistor)。

压敏电阻器是一种电阻值对外加电压敏感的电子元件,又称变阻器。图 5-9 示出压敏电阻器的伏安特性曲线。

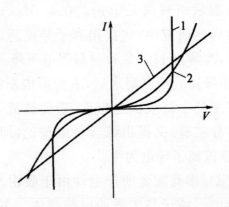

图 5-9　压敏电阻器的伏安特性曲线

1—ZnO 压敏电阻;2—SiC 压敏电阻;3—线性电阻

电流 I 和电压 V 的关系可表达为下面的经验公式:

$$I = (V/C)^{\alpha}$$

式中,α 是非线性指数,α 值越大,非线性就越强。ZnO 的非线性比 SiC 强。当 α 为 1 时,是欧姆器件。$\alpha \to \infty$ 时,是非线性最强的变阻器。氧化锌变阻器的非线性指数为 25~50 或更高。C 值在一定电流范围内为一常数。当 $\alpha = 1$ 时,C 值同欧姆电阻值 R 对应。C 值大的压敏电阻器,一定电流下所对应的电压值也高,有时称 C 值为非线性电阻值。

压敏电阻器广泛应用于电力系统、电子线路和家用电器中。掺杂氧化锌陶瓷是最为常见的一种压敏电阻器,其微观结构如图 5-10 所示。图 5-11 是压敏电阻器的等效电路。

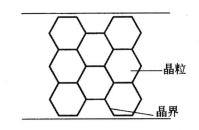

图 5-10　ZnO 压敏陶瓷电阻微观结构示意

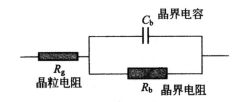

图 5-11　ZnO 压敏陶瓷微观结构等效电路

按成分分类,压敏陶瓷主要有 $BaTiO_3$、Fe_2O_3 及 SnO_2 等几种,陶瓷成分、原料的化学均匀性、纯度和颗粒尺寸的分布等因素决定成品的品质。$BaTiO_3$ 和 Fe_2O_3 主要利用电极与烧结体界面非欧姆性产生压敏特性。SiC、ZnO 和 $SrTiO_3$ 则利用晶界的非欧姆性产生压敏性。ZnO 压敏电阻性能最为突出,表现出良好的电压敏感特性。其设计上一般采用金属氧化物掺杂,ZnO 中加入少量 Bi_2O_3、Sb_2O_3、CoO、MnO 和 Cr_2O_3 等,这些金属氧化物在 ZnO 中不形成固溶相,而是偏析在晶界上形成阻挡层,起到提高晶界阻挡层电势的作用。晶界上的这种多组分异相结构等效于电阻与电容并联电路。低电压通过时,由于自身较大电阻,起到遏制电流作用;电压突增时,电子受高电压驱动可穿越晶界阻挡层,相当于电容击穿,形成大电流通路。

ZnO 压敏陶瓷应用最为广泛,用于家用电器及其他电子产品中,起到电压保护、防雷、消噪及保护半导体元器件等作用。

5. 光敏陶瓷

光敏陶瓷是指电阻随入射光强弱而改变（入射光强，电阻减小；入射光弱，电阻增大）的一种功能陶瓷，也称光敏陶瓷电阻。利用光敏陶瓷这一特性，可制作适于不同波段范围的光敏电阻器。光敏陶瓷主要是半导体陶瓷，其导电机理分为本征光导和杂质光导。对本征半导体陶瓷材料，当入射光子能量大于或等于禁带宽度时，价带顶的电子跃迁至导带，而在价带产生空穴，这一电子空穴对即为附加电导的载流子，使材料阻值下降；对杂质半导体陶瓷，当杂质原子未全部电离时，光照能使未电离的杂质原子激发出电子或空穴，产生附加电导，从而使阻值下降。不同波长的光子具有不同的能量，因此，一定的陶瓷材料只对应一定的光谱产生光导效应，所以有紫外（$0.1\sim0.4\mu m$）、可见光（$0.4\sim0.76\mu m$）和红外（$0.76\sim3\mu m$）光敏陶瓷。

CdS 是制作可见光光敏电阻器的陶瓷材料。纯 CdS 的禁带宽度为 2.4eV，相当于绿光波长范围。制作时，掺以 Cl 取代 S，可烧结成多晶 n-型半导体；掺入 Cu 及 Ag、Au^+ 价离子，使其起敏化中心的作用，可提高陶瓷的灵敏度。纯 CdS 灵敏度峰值波长为 520nm，纯 CdSe 的灵敏度峰值波长为 720nm。将 CdS 与 CaSe 按一定配比烧结形成不同比例的固溶体，可制得峰值波长在 $520\sim720$nm 连续变化的光敏陶瓷。ZnS、PbS 及 InSb 等是制作紫外及红外光敏电阻器常用的陶瓷材料。

光敏电阻器常用于光的测量、光的控制和光电转换。一般将它制成薄片结构，吸收更多的光能。根据光敏电阻的光谱特性，可将其分为三种。

（1）紫外光敏电阻器

对紫外线较灵敏，包括 CdS、CdSe 光敏电阻器等，用于探测紫外线。

（2）红外光敏电阻器

它有 PbS、PbTe、PbSe、InSb 等光敏电阻器，用于导弹制导、天文探测、红外光谱及红外通信等国防、科学研究和工农业生产中。

（3）可见光光敏电阻器

它包括 Se、CdS、CdSe、CdTe、GaAs、Si、Ge、ZnS 光敏电阻器等，用于各种光电控制系统，如光电自动开关门户，照明系统的自动亮灭，极薄零件的厚度检测器，照相机自动曝光装置，光电计数器，烟雾报警器及光电跟踪系统等方面。

5.3.5　光学陶瓷

1. 高透明性陶瓷

陶瓷一般是不透明的，是因其内部存在有较大尺寸的晶粒、玻璃相、气孔等多组分异相结构及杂质，有非常多的微区界面，由于这些相区折射率差异，光线通过这些陶瓷时，在微区界面上将发生频繁的光反射、光散射、折射、光吸收等，特别是大量微气孔相的存在，反射、散射、折射更为严重，几乎没有光子能够按原有路径通过该陶瓷，故而呈不透明状态。

光学陶瓷像玻璃一样透明，故称透明陶瓷。若选用高纯原料，通过工艺手段排除气孔就可获得透明陶瓷。同时，晶相与玻璃相之间折射率差异也应尽可能降低，减少折射。早期采用这样的办法得到透明的氧化铝陶瓷，后来研究出如烧结氧化镁、氧化铍、氧化钇、氧化钇-二氧化锆等多种氧化物系列透明陶瓷。近期又研制出非氧化物透明陶瓷，如砷化镓（GaAs）、硫化锌（ZnS）、硒化锌（ZnSe）、氟化镁（MgF_2）及氟化钙（CaF_2）等。

透明陶瓷的制造是在玻璃原料中加入微量的金属或化合物（金、银、铜、铂及二氧化钛等）作为结晶的核心，在玻璃熔炼、成型之后，再用短波射线（紫外线、X 射线等）进行照射或进行热处理，用短波射线照射产生结晶的玻璃陶瓷称为光敏型玻璃陶瓷，用热处理办法产生结晶的玻璃陶瓷称为热敏型玻璃陶瓷。

透明陶瓷外观上与玻璃几乎一样,透明度高。二者根本区别在于透明陶瓷包含细微的晶相结构,也可能是玻璃相与微晶相的复合体系;而玻璃一般不含晶相结构,是纯粹的均匀玻璃体结构。成分上,玻璃中含有大量各种形态的杂质,由于缺少晶体结构,密度一般不高。透明陶瓷尽可能排除了气孔相,同时形成大量微晶结构,密度可以接近99.99%。

选用氧化铝透明陶瓷材料可成功地制造出高压钠灯,其发光效率高且使用寿命达2万h。在军事领域,用透明陶瓷可以制造防弹汽车的窗、坦克的观察窗、轰炸机的轰炸瞄准器和高级防护眼镜等。在民用领域,已用透明陶瓷制成照相机内的组合镜片。日本研制出的高透明的Nd-YAG陶瓷,由于出色的光学、机械及耐热综合性能,在激光输出技术上将称为关键性材料。

2. 电光陶瓷

顾名思义,电光陶瓷就是具有电光特性的功能陶瓷,它是根据透明铁电陶瓷在相变过程中折射率随电场而变化,即所谓电控双折射和电控散射的原理而发展的材料。也就是说,它的光学性质会随外电场的变化而改变,表现出电控双折射。常用的是掺镧锆钛酸铅(简称PLZT)、掺镧铪钛酸铅(PLHT)。这种陶瓷可用于光调制器、光开关、光存储、光阀和电激励多色显示器等。

当光入射一均质各向同性材料时,发生光的反射和折射,单轴材料中,一定频率的光只会产生一个方向的折射。而对于双轴材料,光线从某特殊方向入射时,一定频率的光会在两个不同方向上发生折射,产生两条折射光,分别称为寻常折射光(O光,ordinary ray)和非寻常折射光(E光,extrgodinary ray),这种现象称为双折射,O光和E光折射率差值称为双折射率 $\Delta n(\Delta n = n_E - n_O)$。透明铁电材料存在极化方向不同的电畴,具有双折射性。另外,施加电压和应力都可影响其折射率大小,改变其双折射性质,是一类典型的光电陶瓷。

电光陶瓷这种折射率随外电场改变而变化的特征来源于其特殊的结构,当低于某一温度时,由于晶粒细结构中正负离子电荷中心不重合,将在材料中形成众多极化方向各异的"电畴",通常情况下,各个电畴是杂乱无章的,此时,这种陶瓷与普通玻璃性质相似,不会随光入射方向表现出不同性质。当陶瓷片上外加电场后,陶瓷内"电畴"就会按电场的方向规矩地整齐排列起来,结果陶瓷就呈现晶体的性质。它能使入射陶瓷的一束光变成两束光,这就是所谓双折射。由于双折射效应是外加电场后才产生的,当电场去掉后,双折射效应也消失了,双折射的变化程度可由电场大小决定,所以这种双折射叫电控双折射。可作为一种光开关,一秒钟可以开关几百万次,实际上也是一种高速电子快门。如果用白光(如太阳光)射入有电场控制的陶瓷片,则可将白光滤为有色光,则从陶瓷射出来是五颜六色的光。

透明铁电陶瓷作为电光材料,其应用较为广泛,主要用作光信息存储、显示和光闸。利用开关原理已制成立体电视用的PLZT 眼镜片,利用 PLZT 二维显示制成了投影式高清晰度电视机等。电光陶瓷做立体电视的原理在一副能分离左眼和右眼图像的立体观察镜,这种观察镜的镜片是用电光陶瓷制作的。实际上是把电光陶瓷做成两只电控快门,分别装入普通眼镜的左框和右框,另外,只要采用左右两个摄像机来摄像,通过电子线路控制,使左摄像机摄的图像在电视屏显示时,立体观察镜的左快门正好开着,陶瓷电畴极化方向与光信号方向一致,光线穿越快门镜片,没有光散射发生。而此时右快门眼镜处于关闭状态,陶瓷电畴极化方向与入射光垂直,光线穿越时发生严重光散射,没有光信号透过(图 5-12)。在下一时刻右摄像机摄得图像时,正好相反。尽管两只快门是交替工作,有先有后,但由于影像在人眼中可停留七分之一秒的时间,所以,人看到的是连续、整体、栩栩如生的立体图像。这就是立体电视的奥秘。

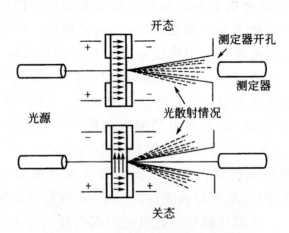

图 5-12   透明电光陶瓷开关示意图

5.3.6   生物陶瓷

生物陶瓷是指具有特殊生理行为的一类陶瓷材料,主要用来构成人类骨骼和牙齿的某些部分,有望部分或整体地修复或替换人体的某些组织、器官或增进其功能。作为生物医学组织材料,一般来说需满足以下基本特性。

生物学条件:①生物相容性好,对机体无免疫排异反应,种植体不致引起周围组织产生局部或全身性反应,最好能与骨形成化学结合,具有生物活性;②对人体无毒、无刺激、无畸、致敏、致突变和致癌作用;③无溶血、凝血反应。

化学条件:①在体内长期稳定,不分解、不变质;②耐侵蚀,不产生有害降解产物;③不产生吸水膨润、软化变质等变化。

力学条件:①具有足够的抗弯、抗压、拉伸及剪切等静态强度;②具有适当的弹性模量和硬度;③耐疲劳、摩擦、磨损,有润滑性能。

其他条件:①具有良好的孔隙度、体液及软硬组织易于植入;②易加工成型,使用操作方便;③热稳定好,高温消毒不变质。

与早期使用的塑料和合金材料相比,陶瓷生物材料具有较多优势,采用生物陶瓷可以避免不锈钢等合金材料容易出现的溶析、腐蚀及疲劳等问题;陶瓷的稳定性和强度也远远强于生物塑料。陶瓷是经高温处理工艺所合成的无机非金属材料,因此它具备许多其他材料无法比拟的优点。

目前除了作为生物体组织、器官替代增强材料,生物陶瓷还可用于生物医学诊断、测量等。生物陶瓷概念的内涵也在不断丰富,外延纵深拓展,涉及的领域越来越广泛。

1. 生物陶瓷分类与特点

从医学临床角度,生物陶瓷根据使用分为植入陶瓷和生物工艺学陶瓷。前者需植入生物体内,故要求颇多,如对生物体无致癌作用,本身不发生变质;易于灭菌。多用作固定化酶载体。常用的植入陶瓷有氧化铝陶瓷和单晶氧化铝、磷酸钙系陶瓷、微晶玻璃、氧化锆烧结体等,它们在临床上用作人造牙、人造骨及人造心脏瓣膜等。后者耐碱性能好,价格低,使用时不直接与生物体接触,常用的有多孔玻璃和多孔陶瓷。此外,控制多孔陶瓷的孔径,可用于细菌、病毒、各种核酸、氨基酸等的分离和提纯。

根据其与动物组织间的反应程度,生物陶瓷可分为三类。

(1)可吸收性生物陶瓷

置于人体后,会逐渐溶解而被其周围组织取代,如三钙磷酸盐 $[Ca_3(PO_4)_2, TCP]$、非晶质磷酸盐(ACP)及贫钙磷酸盐(CDA),在体内的吸收速率为 ACP>TCP>CDA。

天然骨头的矿物质能因为骨细胞的作用不断的沉积、流失或再吸收,再吸收指的是矿物质的溶解、再吸收回体液。因此,以其相似性而言,可吸收性生物陶瓷是一很好的骨科植入材,此类材质在植入后,破骨细胞的活动能使植入物不断改形,且最后被类骨质所取代,在此之后便没有生物兼容性的问题。然而此类材料的缺点是在改形过程中,植入物的机械强度减低,可能会造成破坏,故必须予以暂时固定,日后再拆除。另一大限制为材料的组成须是人体原有的生理成分,因为再吸收过程中会有大量的离子由材料中释放出来。

烧石膏是再吸收速率很高的陶瓷材料,在狗的动物实验中比天然的骨移植还快;而且植入后引起的组织反应温和,不会引来巨大细胞。缺点是吸收速率变化大和机械强度欠佳,使用途大受限制,近年来有人研究其与氢氧基磷灰石混合后植入兔子胫骨中,发现吸收性良好。磷酸钙类(Ca-P)亦有优良的再吸收性,包括磷酸钙、三磷酸钙、四磷酸钙及氢氧基磷灰石等,这类材料的压缩强度约30MPa,可应用于非负荷的用途。

(2)近惰性生物陶瓷

近惰性生物陶瓷长期处于体液中,非常稳定,几乎不会释出离子或与组织反应。假若有反应,是在植入的陶瓷表面形成一层非常薄的纤维状薄膜。另一方面,也可以在惰性陶瓷表面加工,在其表面形成孔洞,以增加与组织的接触面积,形成机械式的结合,以提高附着性。常见的有单晶陶瓷及玻璃生物陶瓷等。

(3)表面活性生物陶瓷

置于体液中会和组织形成化学键结。此类材料可以涂在不锈钢、Co-Cr合金及氧化铝等的表面,使其表面具反应性,由于反应仅在表面,并不影响材料的强度。这一类的陶瓷材料有氢氧基磷灰石、生物玻璃等材料。

生物陶瓷的主要缺点是其脆性和在生理环境中的疲劳破坏,补强增韧是研发的重要课题;金属基材表面被覆生物陶瓷将是未来研究的重点,临床的试验及推广应用也是开发生物陶瓷不可或缺的一面。

2. 生物陶瓷制备、结构与应用

(1)玻璃生物陶瓷

玻璃生物陶瓷也称微晶玻璃或微晶陶瓷,玻璃陶瓷的生产工艺过程如图5-13所示。

图5-13 玻璃生物陶瓷制造工艺过程

玻璃陶瓷生产过程的关键在晶化热处理阶段：第一阶段为成核阶段，第二阶段为晶核生长阶段，这两个阶段有密切的联系，在第一阶段必须充分成核，在第二阶段控制晶核的成长。玻璃陶瓷的析晶过程由三个因素决定。第一个因素为晶核形成速度；第二个因素为晶体生长速度；第三个因素为玻璃的黏度。

国内外就 SiO_2-Na_2O-CaO-P_2O_5 系统玻璃陶瓷、Li_2O-Al_2O_3-SiO_2 系统玻璃陶瓷及 SiO_2-Al_2O_3-MgO-TiO_2-CaF 系统玻璃陶瓷等进行了生物临床应用。

(2)羟基磷灰石生物陶瓷

羟基磷灰石陶瓷的制造工艺包括传统的固相反应法、沉淀反应法及较为流行的水热反应法。

①固相反应法。该方法根据配方将原料磨细混合，如磷酸氢钙与碳酸钙混合均匀，在 1000℃～1300℃加热反应，制得羟基磷灰石陶瓷。

$$6CaHPO_4 \cdot 2H_2O + 4CaCO_3 = Ca_{10}(PO_4)_6(OH)_2 + 4CO_2\uparrow + 4H_2O\uparrow$$

②水热反应法。将 $CaHPO_4$ 与 $CaCO_3$ 按 6：4 摩尔比进行配料，然后进行 24h 湿法球磨。将球磨好的浆料倒入容器中，加入足够的蒸馏水，在 80℃～100℃恒温情况下搅拌，反应完毕后，得到羟基磷灰石沉淀物。

$$6CaHPO_4 + 4CaCO_3 = Ca_{10}(PO_4)_6(OH)_2 + 4CO_2\uparrow + 2H_2O\uparrow$$

③沉淀反应法。此法用 $Ca(NO_3)_2$ 与 $(NH_4)_2HPO_4$ 进行反应，得到羟基磷灰石沉淀。

$$10Ca(NO_3)_2 + 6(NH_4)_2HPO_4 + 8NH_3 \cdot H_2O =$$
$$Ca_{10}(PO_4)_6(OH)_2 + 20NH_4NO_3 + 6H_2O$$

此外，还有其他方法可制成羟基磷灰石。

目前国内外已将羟基磷灰石用压槽、骨缺损、脑外科手术的修补和填充等，用于制造耳听骨链和整形整容的材料，还可以制成人工骨核治疗骨结核。[1]

---

① 曾兆华,杨建文. 材料化学[M]. 北京:化学工业出版社,2008.

5.3.7 磁性陶瓷

在磁场中能被强烈磁化的陶瓷材料称为磁性陶瓷,也叫铁氧体。铁氧体产生磁性的原因主要是由电子自旋引起的磁矩而成的。磁性陶瓷还包括不含铁的磁性瓷。铁氧体是含正三价铁离子而且显示铁氧体磁性的氧化物陶瓷的总称,化学式为 $MFeO_3$,其中 M 代表 Mg、Ni、Co、Fe、Zn、Mn、Cd 的二价阳离子。

铁氧体可分为硬磁、软磁、旋磁、矩磁、压磁等五类。

硬磁铁氧体材料为铁氧体磁铁和稀土磁体。它不易磁化和退磁化,其材料有钡铁氧体和锶铁氧体,分子式为:$MO \cdot nFe_2O_3$,式中 M 为 Ba、Sr、Pb 和 Ca,主要用于磁铁、磁存贮元件、扬声器、电表、助听器、录音磁头及微型电机的磁芯等。

软磁体材料有尖晶石型的 Mn-Zn 铁氧体、Ni-Zn 铁氧体、Mg-Zn 铁氧体、Li-Zn 铁氧体,典型代表为 $Mn_{1-\delta}-Zn_\delta Fe_2O_4$ 和 $Ni_{1-\delta}-Zn_\delta Fe_2O_4$。软磁体可用来制造电子通讯用的感应铁芯、电视线输出变压器和电视显像管等。

旋磁铁氧体主要用做微波器件。

矩磁铁氧体主要用于计算机及自动控制中作为记忆元件、逻辑元件、开关元件、磁放大器的磁光存储器和磁声存储器。

压磁铁氧体的材料为 Ni-Zn、Ni-Cu、Ni-Mg 及 Ni-Co 等系,其中 Ni-Zn 系铁氧体应用最广,主要用于水声器件、机械滤波及电讯器件,也可用于测量形变、距离、压力、速度及转矩。

参考文献

[1]李玲,向航.功能材料与纳米技术[M].北京:化学工业出版社,2002.

[2]马如璋.功能材料学概论[M].北京:冶金工业出版社,1999.

[3]邓少生,纪松.功能材料概论——性能、制备与应用[M].

北京:化学工业出版社,2011.

[4]徐晓东,赵志伟,赵广军等.提拉法与温梯法 Yb：YAG 晶体性能的比较[J].人工晶体学报,2003,4:28－31.

[5]曾兆华,杨建文.材料化学[M].北京:化学工业出版社,2008.

[6]李垚,唐冬雁,赵九蓬.新型功能材料制备工艺[M].北京:化学工业出版社,2010.

[7]陈玉安,王必本,廖其龙.现代功能材料[M].重庆:重庆大学出版社,2008.

第6章 功能复合材料制备工艺

复合材料可分为两大类,一类是结构复合材料,一类是功能复合材料。而作为结构复合材料,特别是纤维增强复合材料从军用产品向民用产品的过渡,加速了新型复合材料的开发和应用;另外,导弹、航天飞机以及其他军用产品的小型化和轻便化,也加剧了单一的结构复合材料向多功能复合材料方向的转变。所以,结构复合材料和功能复合材料之间的界线也变得越来越模糊。

6.1 功能复合材料概述

6.1.1 复合材料的发展

材料被人类利用已有几千年的历史,材料的发展与人类文明及社会的进步息息相关。人类研究和制造材料的历史实际上就是人类文明的发展史。人类最早使用的材料是天然材料,如木棍、竹片、石器等。最早可追溯到石器时代,那时人们就开始制造一些石器,如石刀、石制武器等与大自然搏斗。中国在春秋战国时期就开始制备砖瓦,到汉代时已开始使用陶器,如陶碗、盆、罐等。据考证古罗马人用陶器作下水管道。可见人类制备材料的历史很悠久。

20世纪40年代,玻璃纤维和合成树脂大量商业化生产之后,纤维增强树脂复合材料逐渐发展成为工程材料,到50年代其技术更加成熟。

20 世纪 60 年代,美国学者首先提出材料科学与工程(materials science and engineering)这个学科全称,定义材料科学与工程是关于材料成分、结构、工艺与它们的性能和用途之间的有关知识的开发和应用的科学,并提出了四面体模型,如图 6-1 所示。

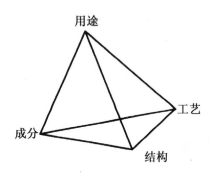

图 6-1　四面体模型

材料一般分成结构材料(structural materials)和功能材料(functional materials)两大类。结构材料是指能承受外加载荷而保持其形状和结构稳定的材料,它具有优良的力学性能,在物件中起着"力能"的作用。

功能材料的概念是由美国贝尔研究所 J. A. Morton 博士在 1965 年首先提出来的,但人类对功能材料的研究和应用远早于 1965 年,只是它的品种和产量很少,且在相当一段时间内发展缓慢。

复合材料的出现,有力地推动着高尖端技术的快速发展。目前,复合材料已成为航空航天等高新技术领域与国民经济建设中必不可少的重要材料。

功能复合材料近几年发展很快,其原因与其特点有关。功能复合材料除具有复合材料的一般特性外,还具有如下特点。

(1)应用面宽

根据需要可设计与制备出不同功能的复合材料,以满足现代科学技术发展的需求。

(2)研制周期短

一种结构材料从研究到应用,一般需要 10～15 年,甚至更长,而功能复合材料的研制周期要短得多。

(3)附加值高

单位质量的价格与利润远远高于结构复合材料。

(4)小批量,多品种

功能复合材料很少有大批量需求,但品种需求多。

(5)适于特殊用途

在不少场合,功能复合材料有着其他材料无法比拟的使用特性。

6.1.2　功能复合材料制造方法

1. 制造方法

功能复合材料的成型方法与结构复合材料成型方法基本相同,主要取决于基体。如树脂基功能复合材料仍以热压成型为主,也采用RTM等工艺。除传统的制造技术不断得到改进外,随着科学技术发展,一批新兴的制造技术在功能复合材料制备中发挥了重要作用。

2. 新的制备工艺

热塑性复合塑料的成型工艺基本上是填充材料与热塑性塑料混合、挤出、成型,由于材料的团聚特性,或是相材料的彼此结合力大,普通的塑料挤出机,即使是双螺杆挤出机也很难使整体复合材料达到无机相分散的程度,目前相关文献中报道的复合材料仅是加工成型工艺中某些典型的代表。复合材料的发展,不仅要发展材料的品种,更要发展功能复合材料的成型加工工艺。

目前已经出现复合材料新的制备工艺,如树脂迁移模塑法、含增强体的反应注射成型以及电子束固化等新工艺,既提高了工艺效率,又改善了制品质量。一些新的复合技术如原位复合、自蔓延技术、梯度复合以及其他一些新技术已经崭露头角,显示出各自的特点,这也是复合材料发展的驱动力。

3. 新的制备技术

功能复合材料的制备技术是关系到能否制备出高性能复合材料的关键,从目前的研究与应用情况来看,这是制约功能复合材料能否进入工业化生产与应用的关键技术。因为材料比表面很大,表面能很高,自身极易团聚,在制备功能复合材料过程中,很难与其他成分混合均匀,往往易发生相分离,出现微粒自集聚现象而不易分散于基体中。因而前面所提到的关于功能复合材料的诸多功能将无法实现。因此,当务之急是应突破功能复合材料的制备技术,以制备出分散性、稳定性良好的功能复合材料。制备技术研究通常又包括两大部分内容:第一步是如何制备出单分散性良好且表面具有所需亲和性能的单一材料;第二步是如何将这种材料与基体材料进行均匀混合、分散均匀,使材料在基体中仍以单个粒子稳定地存在。从目前的工艺技术水平来看,在工业上,要真正做到这两点仍十分困难,有待于进一步研究。

制备技术的关键取决于材料的表面改性与粒子复合技术的成功与否。因此,必须加强对材料的表面改性与粒子复合技术、设备及工艺的研究以及新型高效表面改性剂的研究。

6.1.3　功能特性的评价

复合材料可靠性[①]合理评价是当前影响复合材料更快发展的三大原因之一。复合材料由其材料、工艺、结构特点所定,它既是一种材料,也是一种结构,与其他材料相比,要提高其可靠性的难度和复杂性显而易见。可以从两个方面简单分析。

(1)组分材料的多重性

功能复合材料是由功能体和基体构成,除了功能体与基体的

---

①　所谓可靠性,是指系统或者部件在给定的使用期间内,在给定的环境条件下,能够顺利完成原设计性能的概率(或为能够正常工作的能力)。

相对含量和结合情况对其性能有影响外,功能体与基体本身的性能对复合材料更有直接影响。特别是树脂基复合材料,其基体由树脂、固化剂等添加剂组成,而树脂又是合成得到的。因此要提高复合材料的可靠性,必须从构成复合材料的组元材料的质量控制开始。

(2)材料-结构工艺的同步性

功能复合材料特别是树脂基功能复合材料,往往在材料成型的同时产品结构也成型。工艺过程中的每一步都会直接影响复合材料的功能性能。金属基复合材料也是如此,在制备过程中,功能体在金属基体中的分布状况和功能体与金属基体的浸润情况等都是影响复合材料的工艺性因素。因此,要提高复合材料的可靠性,控制好复合材料成型工艺质量是至关重要的。目前,复合材料可靠性仍存在一些问题:①材料特性知识的缺乏;②材料性能的分散性;③制备工艺的不稳定性;④试验方法的不完善;⑤统计数据不足;⑥对复合材料性能随时间变化的规律和知识掌握不够。因此,要提高功能复合材料的可靠性,就必须加强试验,加强研究,从组分材料入手,从控制工艺质量入手,以便不断地解决上述问题。

功能复合材料质量的客观评价与有效控制对提高其可靠性至关重要。可以通过三个方面来实现:一是原材料质量稳定性和复合材料制备过程的工艺质量的监控;二是对复合材料进行抽样(含破坏性)检测;三是用无损检测技术对复合材料及其构件进行质量评价。

6.2　功能复合材料分类与特性

功能材料是指具有优良的物理、化学和生物或其相互转化的功能,用于非承载目的的材料。功能材料的种类繁多,为了研究、生产和应用的方便,常对其进行分类。由于着眼点不同,分类的方法也不同,目前主要有以下六种分类方法。

①按用途分类。分为电子、航空、航天、兵工、建筑、医药、包装等材料。

②按化学成分分类。分为金属、无机非金属、有机、高分子和复合功能材料。

③按聚集态分类。分为气态、液态、固态、液晶态和混合态功能材料。其中,固态又分为晶态、准晶态和非晶态。

④按功能分类。分为物理(如光、电、磁、声、热等)、化学(如感光、催化、含能、降解等)、生物(如生物医药、生物模拟、仿生等)和核功能材料。

⑤按材料形态分类。分为体积、膜、纤维和颗粒等功能材料。

⑥按维度分类。分为三维、二维、一维和零维功能材料。三维材料即固态体相材料。二维、一维和零维材料分别为其厚度、直径和粒度小到纳米量级的薄膜、纤维和微粒,统称为低维材料,其主要特征是具有量子化效应。

功能材料与结构材料相比,具有以下主要特征。

①功能材料的功能对应于材料的微观结构和微观物体的运动,这是最本质的特征。

②功能材料的聚集态和形态非常多样化,除了晶态外,还有气态、液态、液晶态、非晶态、准晶态、混合态和等离子态等。除了三维体相材料外,还有二维、一维和零维材料。除了平衡态外,还有非平衡态。

③结构材料常以材料形式为最终产品,而功能材料有相当一部分是以元件形式为最终产品,即材料元件一体化。

④功能材料是利用现代科学技术,多学科交叉的知识密集型产物。

⑤功能材料的制备技术不同于结构材料用的传统技术,而是采用许多先进的新工艺和新技术,如急冷、超净、超微、超纯、薄膜化、集成化、微型化、密集化、智能化以及精细控制和检测技术。

6.3 功能复合材料的制备

6.3.1 水泥基复合材料加工技术

凡是细磨成粉末状,加入适量水后成为塑性浆体,既能在空气中硬化,又能在水中硬化,并能将砂、石等散粒或纤维材料牢固的交接在一起的水硬性胶凝材料,通称为水泥。

纤维增强水泥,无论在用途上还是制法上,都是处于开发的新材料。这是以玻璃纤维为例来介绍纤维增强水泥的成型工艺。

(1)直接喷射法

这是目前最常用的成型方法,将水泥、砂子、水搅拌成砂浆,与耐碱短切玻璃纤维短时间混合后形成预混料,振动模浇铸成型后养护。

(2)喷射脱水法

砂浆和玻璃纤维同时往模具上喷射的机理与直接喷射法相同。但它是把玻璃纤维增强水泥喷射到一个常有减压装置的开孔台上,开孔台铺有滤布。喷射完后进行减压,通过滤纸或滤布,把玻璃纤维增强水泥的剩余水分脱掉。这种方法是成型水灰比低的高强度板状玻璃纤维增强水泥的方法。

(3)预混料浇铸法

水泥、砂子、水、外加剂和切成适当长度的耐碱玻璃纤维(短切纤维)在搅拌机中混合成预混料,然后不断地注入振动着的模具里进行成型。

(4)压力法

预混料注入模具里后,加压除去剩余水分,即使脱模,可以提高生产率,并能获得良好的表面尺寸精度。

（5）离心成型法

在旋转的管状模具中喷入玻璃纤维和水泥浆。

（6）抄造法

使用耐碱玻璃纤维时，一般是预先把玻璃纤维混合到原料浆液中。因为只有玻璃纤维过滤太快，过滤水中流失了很多水泥粒子，所以通常必须使用一定程度的砂浆和石棉作为内部过滤材料。

另外，现在正在进行挤出成型和注射成型工艺的研究。

6.3.2　碳-碳复合材料的成型加工技术

碳-碳复合材料是由碳纤维或各种碳织物增强碳，或石墨化的脂碳（沥青）以及化学气相沉积（CVD）碳所形成的复合材料，是具有特殊性能的新型工程材料。碳-碳复合材料的成型加工方法很多，其各种工艺过程大致可归纳为如图 6-2 所示。

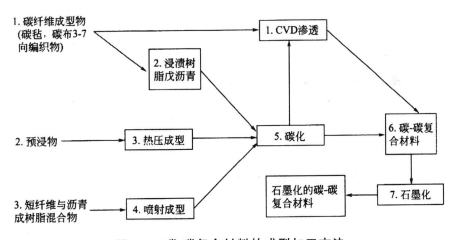

图 6-2　碳-碳复合材料的成型加工方法

6.3.3　陶瓷基纳米复合材料的制备

陶瓷基纳米复合材料最早是由化学气相沉积（CVD）法制备

的,然而 CVD 工艺不适用于批量制造大尺寸和形状复杂的制品,而且成本高,而一些传统的生产陶瓷的工艺及由此发展而来的一些新工艺得到了重要的应用。

1. 固相法

（1）热压烧结

将陶瓷粉体在一定温度和一定压力下进行烧结,称为热压烧结,与无压烧结相比,其烧结温度低得多。通过热压烧结,可制得具有较高致密度的陶瓷基纳米复合材料,并且晶粒无明显长大。

例如,在制备 $SiCw/Si_3N_4$ 纳米复合材料过程中,如果在氩气气氛中热压烧结（烧结压力为 $20\sim30MPa$）,在 $1600℃\sim1700℃$ 就可以得到致密的（可达理论密度的 95%）结构。

（2）微波烧结

陶瓷基纳米复合材料在烧结过程中,纳米级第二相晶粒在高温时迅速长大。微波烧结技术可以达到高速升温的条件,因此在几分钟内就可以达到样品所需温度条件。在停止微波作用后,具有比较快速降温的特点。

（3）反应烧结

反应烧结法可用来制备氮化硅或碳化硅基纳米复合材料,其优点是:

①纳米晶须或纤维的体积分数可以相当大。

②陶瓷基体几乎无收缩。

③大多数陶瓷的反应烧结温度低于常规烧结温度。

2. 液相法

（1）浆体法

该方法是把纳米级第二相弥散到基体陶瓷的浆体中,通过超声波搅拌和溶液的 pH 调节可以提高弥散性,其工艺流程如图 6-3 所示。

直接浇注成型所制备的陶瓷基纳米复合材料机械性能较差,

孔隙太多,因此一般不用于生产性能要求较高的陶瓷基纳米复合材料;而采用湿法混料、热压烧结的工艺,可以制备出纳米级第二相弥散分布的陶瓷基纳米复合材料。

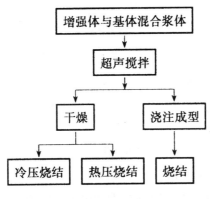

图 6-3　浆体法工艺流程图

(2)液态浸渍法

采用液态浸渍法已成功地制备出氧化铝纳米纤维增强金属间化合物(如 Ni$_3$Al)纳米复合材料。液态浸渍工艺一般可获得密实的基体,但对预制件的浸渍相对困难些。

(3)溶胶-凝胶法

该方法在制备材料的初期就着重于控制材料的微观结构,使均匀性可达到微米级、纳米级甚至分子级水平。目前溶胶-凝胶技术已用于制备块状材料、玻璃纤维、陶瓷纤维、薄膜、涂层以及复合材料,其工艺过程如图 6-4 所示。

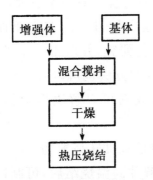

图 6-4　溶胶-凝胶工艺过程

采用该方法已制备出 SiCw 增强 SiO_2-Al_2O_3-Cr_2O_3 陶瓷基纳米复合材料。首先将纳米 SiCw 加入到 SiO_2-Al_2O_3-Cr_2O_3 系统溶胶中,经凝胶化,热处理和在 1400℃烧结后,这种纳米复合材料的 $K_{IC}=4.3MPa \cdot m^{1/2}$,维氏硬度>1100,相对密度达到 90%。在 SiO_2-Al_2O_3 凝胶中加入莫来石纳米晶种,经烧结后陶瓷中会长出长径比 10:1 的莫来石晶须,使其力学性能得到提高。

(4)聚合物热解法

聚合物热解工艺是利用有机先驱体在高温下裂解而转化为无机陶瓷基体的一种方法,主要用于制备非氧化物陶瓷基复合材料,例如:Al_2O_3、ZrO_2、TiO_2 陶瓷基体等。

这种方法的特点是:

①可以对纳米第二相前驱体进行分子设计,制备所期望的单相或多相陶瓷基体。

②可充分利用聚合物基和现有成型技术。

③可仿形制造复杂形状的制品。

④无压烧结,因而设备较简单。

⑤裂解温度较低(<1300℃),可避免纳米增强相与陶瓷基体间的化学反应。

该方法主要的不足之处是:

①制品的孔隙率较高(15%～30%)。

②致密周期较长。

③基体在高温裂解过程中收缩率较大,容易产生裂纹和气孔。

针对这些问题,国内外目前均在先驱体的合成与改性、成型工艺的优化等方面进行研究,并取得一定进展。例如:

①采用热解-热压的方法也可以解决气孔率高的问题。

②混料时加入金属粉可以解决聚合物先驱体热解时收缩率大、气孔率高的问题。

最常用的聚合物是有机硅高聚物,如含碳和硅的聚碳硅烷成型后,经直接高温分解并高温烧结后,可制得 SiC 或 Si_3N_4 单相陶瓷基,或由 SiC 和 Si_3N_4 组成的多相陶瓷基纳米复合材料。为了解决气孔率高的问题,可以采用热解＋热压的方法。例如采用聚乙烯羧基硅烷和聚硅苯乙烯,在氩气气氛下合成 SiC 陶瓷基体,采用聚硅氨烷在氮气下合成 Si_3N_4 陶瓷基体。首先把纳米第二相预制体在形成基体的陶瓷原料中浸渍处理,然后热压烧结使之致密化。热压烧结工艺为:$P = 300 \sim 350 kg/cm^2$,$T = 1600℃ \sim 1800℃$。该复合材料的最大特点是具有高的断裂韧性,使 Si_3N_4 的 K_m 提高 4.7 倍,使莫来石的 K_{IC} 提高 6.9 倍。Si_3N_4 和莫来石自烧结体及其复合材料的应力-应变曲线见图 6-5 及图 6-6,由应力-应变曲线可求出面积比,就是破坏所需的能量比。由图 6-5 及图 6-6 可见,该复合材料的破坏方式是稳定破坏,破坏所需能量比自烧结体大得多。

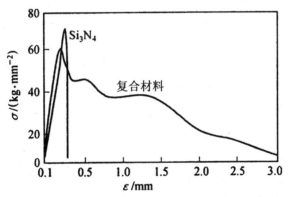

图 6-5 Si_3N_4 自烧结体及其复合材料的应力-应变曲线

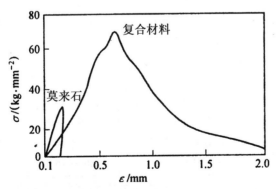

图 6-6 莫来石自烧结体及其复合材料的应力-应变曲线

3. 气相法

气相法主要有化学气相沉积法（CVD）和化学气相浸渍法（CVI），下面主要介绍应用最为广泛的 CVD 法[①]。

CVD 技术发展已比较成熟，应用十分广泛。CVD 法制备陶瓷基纳米复合材料的条件如表 6-1 所示。采用 CVD 法制备陶瓷基纳米复合材料的条件及性能见表 6-2。

表 6-1 CVD 法制备陶瓷基纳米复合材料的条件

母相	分散相	原料气源	沉积温度/℃	结构类型
C	B_4C	$C_xH_y\text{-}BCl_3$	1100~2000	球形粒子分散相
	SiC	$C_3H_8\text{-}SiCl_4$	1440~2025	片形粒子分散相
	TiC	$CH_4\text{-}TiCl_4$	1200~2200	球形粒子分散相
	ZrC	$C_xH_y\text{-}ZrCl_4$	1300~1500	球形粒子分散相
	HfC	$C_xH_y\text{-}HCl_3$	1300~1500	—
	BeO	$C_xH_y\text{-}Be(C_5H_7O_4)$	1600~2000	球形粒子分散相
BN	C	$BCl_3\text{-}NH_3\text{-}C_2H_2$	1700	—
	Si_3N_4	$BCl_3\text{-}NH_3\text{-}SiCl_4$	1400~1800	
	TiN	$BCl_3\text{-}NH_3\text{-}TiCl_4$	1400	球形粒子分散相
SiM	C	$SiCl_4\text{-}NH_3\text{-}C_3H_3$	1100~1300	球形粒子分散相
	AlR	$SiH_4\text{-}NH_3\text{-}AlCl_3$	600~1100	—
	AlN	$SiCl_4\text{-}NH_3\text{-}AlCl_3\text{-}O_2$		叠层
	BN	$Siq\text{-}NH_3\text{-}B_2H_6$	1100~1300	—
	BN	$SiCl_4\text{-}NH_3\text{-}BCl_3$	1400~1800	球形粒子分散相
	TiN	$SiCl_4\text{-}NH_3\text{-}TiCl_4$	1050~1200	片形粒子分散相
B_4C	C	$BCl_3\text{-}C_3H_3$	1400~1800	—
SiC	C	$SiCl_4\text{-}C_3H_3$	1300~1800	球形粒子分散相
	B_4C	$SiCl_4\text{-}C_3H_3\text{-}BCl_3$	1300~1800	—
	TiC	$SiCl_4\text{-}CCl_4\text{-}TiCl_4$	1300~1600	球形粒子分散相
	Si_3N_4	$Si(CH_3)_4\text{-}NH_3$	1300~1600	—

---

① CVD 法是使反应物气体在加热的增强相预制体中进行化学反应，使基体生成物沉积在增强相表面，从而形成陶瓷基复合材料。

续表

母相	分散相	原料气源	沉积温度/℃	结构类型
ZrC	C	$ZrCl_4$-CH_4	1550～2100	—
Ti_2SiC_2	TiC	$TiCl_4$-$SiCl_4$-CCl_4	1000～1300	薄层分散相
Ti-B-N	TiB_2	$TiCl_4$-BCl_3-N_2	1050～1500	球形粒子分散相

表 6-2　采用 CVD 法制备陶瓷基纳米复合材料的条件及性能

母相	分散相		尺寸/nm	沉积温度/℃	复合材料的结构及性能
	尺寸	含量			
非晶质 Si_3N_4 α-Si_3N_4 β-Si_3N_4	球状颗粒 TiN 颗粒 TiN 纤维 TiN	10 30 5	3 10 $\phi5\times2$	1100 1250 1400	K_{IC} 提高到 $16MPa\cdot m^{1/2}$，比原来提高 2.5 倍；在分散相周围存在几个分子大小的孔隙，可提高隔热性能
TiC	SiC	20	—	1400	K_{IC} 别为 3 和 $4MPa\cdot m^{1/2}$，SiC/TiC=0.2 时，K_{IC} 为 $MPa\cdot m^{1/2}$
Si_3N_4	BN	50	每层厚<100	1300	该复合材料是以 $SiCl_4$、BCl_3 和混合气体为原料，用 CVD 法制备的，具有良好的透明性，可做耐高温窗材料
C(湍层结构)	B-SiC	—	厚20 直径200	1535	以 $SiCl_4$、CH-H 为原料，采用 CVD 法制备，抗氧化性好，适用于生物体材料
BN 湍层结构	BN 六角棒状	—	<10	1650	可用于生长单晶 GaAs 的坩埚
SiC 堆垛层错	—	—	—	—	K_{IC} 提高 1 倍以上
非晶质氮化硅	C	0.2	直径100	1100～1300	以 $SiCl_4$-NH_3-C_8H_3-H_2 为原料，采用 CVD 法合成，碳粒子具有三维连续网状结构，使非晶质材料具有导电性

CVD 法的优点是：

①颗粒尺寸容易控制。

②生成物基体的纯度高。

③以 $SiCl_4$、C_4H_{10} 和 Ar 气作为沉积气相,在纳米增强相预制体的间隙中沉积 SiC,沉积速度快,且沉积温度低。

④可获得优良的高温机械性能,特别适用于制备高熔点的氮化物、碳化物、硼化物系陶瓷基的纳米复合材料。

CVD 法不足之处是生产周期长,成本较高,而且制品的孔隙率较大。

4. 原位复合法

采用原位反应合成法可制备 $SiCw/Si_3N_4$ 纳米复合材料。其工艺流程见图 6-7。

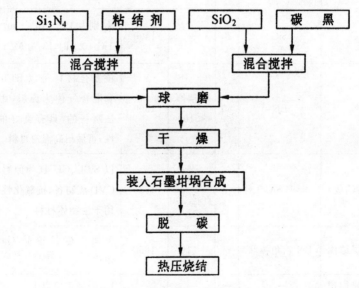

图 6-7 $SiCw/Si_3N_4$ 纳米复合材料制备工艺流程

SiO_2 与 C 的反应产物为黑色松散物,经 $700℃×2h$ 脱碳后变为浅绿色。XRD 衍射分析表明:在 1500℃合成时,含有 β-SiC,少量 α-SiC 和 SiO_2,证明反应没有完全进行。在 1500℃合成时,SiO_2 衍射峰消失,只含有 β-SiC,以及少量 α-SiC。随合成温度的提高,SiC 晶须含量增加,尺寸也增大。超过 1600℃后,晶须表面劣化,颗粒状 SiC 增多。1600℃生成的晶须基本上呈针状,直径约为 100～500nm,长度几十微米,见图 6-8。

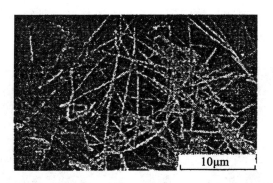

图 6-8　1600℃合成的 SiCw 晶须的 SEM 形貌

在 1600℃合成时,Si_3N_4、SiO_2、C、N_2 之间会发生很复杂的化学反应,主要有三种:

$$SiO_2 + 3C \longrightarrow SiC + 2CO$$
$$Si_3N_4 + 3C \longrightarrow 3SiC + 2N_2$$
$$3SiO_2 + 6C + 2N_2 \longrightarrow Si_3N_4 + 6CO$$

随 N_2 气压力增大,α-Si_3N_4 含量减少,β-Si_3N_4 含量增加。说明提高 N_2 气压力,促进了 α-$Si_3N_4 \rightarrow \beta$-$Si_3N_4$ 的相变。经热压烧结后,相对密度可达 98.9％～99.7％。图 6-9 是 SiCw 含量与复合材料性能之间的关系。

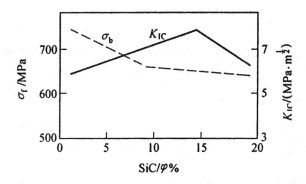

图 6-9　SiCw/Si_3N_4 纳米复合材料中 SiCw 含量与性能的关系

将 $15\varphi\%SiCw/Si_3N_4$ 试样,在 1300℃ 空气中氧化 100h 后,测定其 1300℃ 的高温强度,其平均值为 621MPa。与室温强度相比,强度降低小于 5%。图 6-10 为 $SiCw/Si_3N_4$ 纳米复合材料的断口形貌,从中可见,有晶须拔出、晶须桥连、裂纹偏转等,对复合材料的增韧都有贡献。

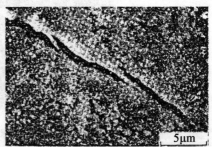

图 6-10　$SiCw/Si_3N_4$ 纳米复合材料的断口形貌

由 TEM 观察到,该纳米复合材料中,SiCw 晶须均匀分布在 Si_3N_4 基体晶粒之间,属晶间型。另外还有纳米级的 SiCp 颗粒（10～30nm）镶嵌于 Si_3N_4 基体晶粒内,少量位于晶界上,属晶内晶间混合型。纳米级的 SiCp 颗粒对基体起到弥散强化作用。这些类型的组织结构对于改善基体材料的性能都非常有利。

6.3.4　金属基纳米复合材料的制备

金属基纳米复合材料（Metal Matrix Nanocomposites,MMNCs）是以金属及合金为基体,与一种或几种金属或非金属纳米级增强体结合的复合材料,是一种新兴的纳米复合材料和新型金属功能材料。

制备金属基纳米复合材料的工艺主要有固相法、液相法、沉积法和原位复合法,以下分别介绍这四种工艺。

1. 固相法

固相法主要指的是粉末冶金法,其工艺流程如图 6-11 所示。

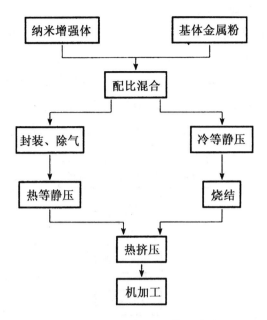

图 6-11　粉末冶金工艺流程图

由图 6-11 中可以看出,工艺过程主要为:

①将增强体材料与金属粉末混合均匀,然后进行封装、除气或采用冷等静压(Cold Isostatic Pressing,CIP)。

②进行热等静压(Hot Isostatic Pressing,HIP)或无压烧结,以提高复合材料的致密性。

③经过热等静压或无压烧结后,一般还要经过二次加工(热挤压、热轧等)才能获得金属基纳米复合材料毛坯。

此外,还可以将混合好的增强体材料与金属粉末压实封装于金属包套中,然后加热直接进行热挤压成型,同样可以获得致密的金属基纳米复合材料。

粉末冶金法存在工艺过程比较复杂,特别是金属基体必须制成金属粉末,增加了工艺的复杂性和成本等缺点,但是国内外仍然在致力于发展粉末冶金工艺。

2. 液相法

液相法是目前制备纳米颗粒、纳米晶片、纳米晶须增强金属基复合材料的主要方法。

(1)压铸成型法

压铸成型法是指在压力的作用下,将液态或半液态金属和纳米增强体混合,以一定速度充填到铸模型腔,在压力下快速凝固成型而制备金属基纳米复合材料的工艺方法。如图 6-12 所示是一个典型的压铸工艺流程图,可以看出,其中主要包括四个工序。

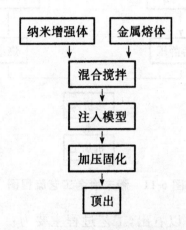

图 6-12　典型压铸工艺流程图

压铸成型工艺中,影响复合材料成型的工艺因素主要有熔融金属的温度、模具预热温度、使用的最大压力、加压速度等。

(2)半固态复合铸造法

半固态复合铸造法是针对搅拌法的缺点而提出的改进工艺。半固态复合铸造的原理是将金属熔体的温度控制在液相线与固相线之间,通过搅拌使部分树枝晶破碎成固相颗粒。

3. 沉积法

沉积法有喷涂沉积和喷射沉积两种。

(1)喷涂沉积法

喷涂沉积主要原理是以等离子体或电弧加热金属粉末和增强体粉末,通过喷涂气体沉积到基板上。采用低压等离子沉积工艺可以制备出含有不同体积含量的增强材料,以及两种基体不同分布相结合的复合材料。

（2）喷射沉积法

喷射沉积工艺是一种将粉末冶金工艺中混合与凝固两个过程相结合的新工艺。该工艺与其他工艺相比,具有以下优越性:

①增强材料与金属液滴接触时间短,很少或没有界面反应。

②凝固速度快,金属晶粒细小,组织致密,消除了宏观偏析,合金成分均匀。

③高致密度,直接沉积的复合材料密度可达到理论密度的95%～98%。

④工序简单,喷射沉积效率高,有利于实现工业化生产。

⑤适用于多种金属材料基体,可直接形成接近零件实际形状的坯体。

该工艺最大的缺点是雾化所使用的气体成本较高。

4. 原位反应复合法

原位反应复合法起源于 20 世纪 80 年代,它是利用两种或两种以上元素在基体中能相互反应生成硬质相,达到强化基体的目的。

（1）原位反应复合的工艺方法

①XD 法。放热扩散法（Exothermic Desposition,XD）法的关键技术是控制了金属基复合材料中增强相尺寸大小、形状及体积分数等,降低了复合材料的制造成本,为金属基复合材料的应用和发展开辟了新的前景。[①]

在用 XD 法制备金属基复合材料的过程中,其增强相的形成有三种反应模型,一是元素粉末与元素粉末之间的反应,把几种粉末按照一定比例混合均匀,加热使其中两种能反应的元素固溶到其他粉末元素中,并发生化学反应生成细小的颗粒,弥散地分布在合金基体中;二是合金中的元素与合金中的元素之间反应,将两种分别含有第一反应元素和含有第二反应元素的合金粉末

---

① 王自东,李春玉．李庆春等,金属学报[J],1995(11).

按照一定比例混合均匀,在加热过程中,由于浓度差的作用,使第一反应元素向另一种粉末合金中扩散,同时第二种反应元素也向含第一种反应元素的合金粉末中扩散,在扩散过程中,两种能起反应的元素原子相互碰撞发生化学反应生成硬质相颗粒,均匀弥散地分布在合金基体中;三是元素与合金中元素发生反应,把元素粉末与合金粉末按照一定比例混合均匀,加热过程中,元素向合金粉末中扩散发生化学反应生成增强相顺粒。三种反应模型的基本要点是:固溶有助于反应。[1]

②VLS法。气液反应合成法(Vapor Liquid Synthesis,VLS)由 Kocakz 和 Kumar[2] 在 1989 年发明并申请专利。这种方法的要点是:在高温下,用气体分解得到某种元素,此种元素能与合金液中某种元素起反应生成硬质相颗粒,从而制备了金属基复合材料。具体工艺过程为:将合金如 Al-Ti 合金等放在增涡中,升温至 1200℃后,把 CH_4 等气体通入合金液中,这时,CH_4 气体在高温下分解生成碳元素,进入合金液中,与合金液中的 Ti 元素发生化学反应生成 TiC 颗粒。

由于 TiC 颗粒与金属铝液润湿,不会随气体而上浮,这样就可得到 TiC 颗粒增强铝基复合材料,这种方法可使 TiC 颗粒尺寸在 $0.1\sim2.0\mu m$ 范围,随着温度的升高,TiC 颗粒尺寸还可以进一步的减小。

(2)原位反应复合法的展望

原位反应复合法是一种新型的复合工艺,其工艺简便,成本低,它一出现便得到了材料科技工作者的高度重视。它利用化学反应在基体内部生成增强相,并与基体原位复合,克服了强制法增强相表面污染、增强相与基体间界面反应等主要弱点。利用原位反应复合法制备金属基复合材料,在同等条件下,其力学性能一般都高于强制法制备的复合材料。为了降低金属基复合材料的成本,获得较高力学性能的复合材料,原位反应法将是一种最佳的选择。

---

[1]　J. M. Brupbaeher. U. S. Patent No. 4710318,1987.

[2]　M. J. Koczak,K. S. Kumar,U. S. Parent No. 4808372,1989.

6.4　典型功能复合材料的应用

6.4.1　聚合物基复合材料的应用

(1)在石油化工业中应用

聚酯和环氧 GFRP 均可做输油管和储油设备,以及天然气和汽油 GFRP 罐车和贮槽。海上采油平台上的配电房用钢制骨架和硬质聚氨酯泡沫塑料加 GFRP 蒙面组装而成,能合理利用平台的空间并减轻载荷,还有较好的热和电的绝缘性能。

在 20 世纪 70 年代,英国设计并生产了聚酯 GFRP 潜水器,还制造了蓄电池盒、电源插头等 GFRP 潜水电气部件,均已在水下 120m 处工作了数十年。海上油田用的救生船、勘测船等,其船身、甲板和上层结构都是玻璃纤维方格布和间苯二甲酸聚酯成形的。海上油田的海水淡化及污水处理装置可用玻璃钢制造管道。

开采海底石油所需要的浮体。如灯标、停泊信标和驳船离岸的信标等,都可用 GFRP 制作。全部由 GFRP 制成的海上油污分离器,具有良好的耐海水和耐油性。

在化学工业生产中的冷却塔、大型冷却塔的导风机叶片,以及各种耐蚀性 GFRP 的贮槽、贮罐、反应设备泵、管道、阀门、管件等。

发电厂锅炉送风机、轴流式风机,装 GFRP 叶片的比装金属叶片的离心式风机,平均每台每天节电 2500kWh,一年可节电 91 万 kWh,并延长了其使用的寿命。

(2)在建筑业中的应用

GFRP 透明瓦是一种聚酯树脂浸渍玻璃布压制而成的。主要用于工厂采光,作顶篷,应用于货栈的屋顶、建筑物的墙板、太阳能集水器等,还可用 GFRP 制成饰面板、圆屋顶、卫生间、建筑模板、门、窗框、洗衣机的洗衣缸、储水槽、管内衬、收集贮罐和管道减阻器等。

（3）在铁路运输上的应用

可以用制造内燃机车的驾驶室、车门、车窗、行李架、座椅、车上的盥洗设备、整体厕所等。

（4）在造船业中的应用

GFRP 可制造各种船舶，如赛艇、游艇、救生艇、渔轮等。

（5）在冶金工业中的应用

冶金工业中常接触一些腐蚀性介质，因此要用耐蚀性的容器、管道、泵、阀门等设备，这些均可用聚酯 GFRP、环氧 GFRP 制造。此外，在有色金属的冶炼生产中，采用钢材或钢筋混凝土作外壳，内衬 GFRP，或者以钢材或钢筋混凝土做骨架的整体 GFRP 烟囱。这种烟囱耐温、耐腐蚀，且易于安装、检修。

（6）在汽车制造业中的应用

美国首先用 GFRP 制造汽车的外壳，此后，意大利、法国等许多著名的汽车公司也相继制造 GFRP 外壳的汽车。除制造汽车的外壳外，还可制造汽车上的许多零部件，如汽车底盘、车门、发动机罩以及驾驶室，仪表盘等。GFRP 制成的汽车外壳及其零部件。这种汽车制造方法简单、省工时、造价低、汽车自重轻、外观美、保温隔热效果好。

（7）GFRP 在航空工业中的应用

利用 GFRP 透波性好的特点，用它来制造飞机上的雷达罩，飞机的机身、机翼、螺旋桨、起落架、尾舵、门、窗等。

6.4.2 碳/碳复合材料的应用

（1）航空航天中应用

洲际导弹，载人飞船等飞行器以高速返回地球通过大气层时，最苛刻的部位温度高达 2760℃。烧蚀防热是利用材料的分解、解聚、蒸发、汽化及离子化等化学和物理过程带走大量热能，并利用消耗材料本身来换取隔热效果。同时，也可利用在一系列的变化过程中形成隔热层，使物体内部温度不致升高。碳/碳复合材料的烧蚀性能极佳,由于物质相变吸收大量的热能,挥发产物又带走大量热能,残留的多孔碳化层也起到隔热作用,阻止热量向内部传递,从而起到隔热防热作用。

20 世纪 50 年代,火箭头锥就以高应变的 ATJ-S 石墨材料制成,但石墨属脆性材料,抗热震能力差。而碳/碳复合材料具有高比强度、高比模量、耐烧蚀。而且还具有传热、导电、自润滑性、本身无毒特点,具有极佳的低馈蚀率、高瓷蚀热、抗热震、优良的高温力学性能,是苛刻环境中有前途的高性能材料。

利用碳/碳复合材料摩擦因数小和热容大的特点可以制成高性能的飞机制动装置,速度可达每小时 $250\sim350km$,使用寿命长,减轻飞机重量。已用在 F-15、F-16 和 F-8 战斗机和协和民航机的制动盘上。

(2)化学工业

碳/碳复合材料主要用于耐腐蚀设备、压力容器和密封填料等。

(3)汽车工业

汽车工业是今后大量使用碳/碳复合材料的产业之一。由于汽车的轻量化要求,碳/碳复合材料是理想的材料。

(4)医疗方面

碳/碳复合材料对生物体的相容性好,可在医学方面作骨状插入物以及人工心脏瓣膜阀体。

6.4.3　纳米复合材料的应用

纳米复合材料已应用于各种产业,从 20 世纪 90 年代开始,美国开始将尼龙/碳纳米管纳米复合材料应用于汽车燃料系统,以防止静电;并使用可保护磁盘读写头的纳米管 ESD 聚合物。

近年来,许多产业对纳米复合材料都显示出高度兴趣,根据美国 BRG Town-send 公司针对纳米级复合材料的市场调查报告指出,纳米复合材料已经成为包装市场的利器,全球应用纳米复合材料的包装需求量呈现大幅增长,预计 2011 年需求量将增为

4.4 万吨,年平均增长率将达到 80％。随着纳米复合材料技术的发展逐渐受到瞩目,产业界对复合材料性能的要求也越来越高,将不同材料进行纳米级复合而形成的纳米复合材料,具有超越传统材料的特性,将提供未来材料相关产业发展的新商机,在相关应用领域具有非常大的发展潜力。

尽管研究时间不长,但是纳米复合材料已经在工业上产生了巨大的影响。当利用熔融共混或者原位聚合方法,在聚合物中添加 2％～5％的纳米微粒后,复合材料的热学性能、力学性能、阻隔性能、阻燃性能都会有很大的提高。为提高竞争力,许多公司相继研发纳米复合材料,并向市场推出了纳米黏土和纳米管的复合材料。纳米材料以其独特的性能广泛应用于不同种类的产品,如眼镜涂层、创可贴、包装薄膜等,并且随着研究的发展应用范围不断扩大。目前,聚合物纳米复合材料主要应用于包装材料和汽车行业。表 6-3 所列为部分已商品化的纳米复合材料。

表 6-3   纳米复合材料的部分商用产品

供应商	基体树脂	纳米微粒	材料性能	应用领域
Basell USA	TPO	纳米黏土	高模量、高强度,耐磨	汽车
Lanxess	尼龙	纳米黏土	高阻隔性	包装薄膜
GE Plastics	PPO/尼龙	纳米管	高导电性	汽车涂料
Honeywell Polymer	尼龙 6 阻隔型尼龙	纳米黏土	高阻隔性	啤酒瓶,薄膜
Hybrid Plastics	POSS Mastembatches	POSS	高热阻性、阻燃性	一次性消耗品,航天器,生物药物,农业,运输系统,建筑工业
Hyperion Catalysis	PETG,PBT,PPS,PC, PP, Fluoroel-astomers(FKM)	纳米管	高导电性	汽车,电子工业
Kabelwerk Eur AG	EVA	纳米黏土纳米管	阻燃性	绝缘材料

供应商	基体树脂	纳米微粒	材料性能	应用领域
Mitsubishi Gas Chemical Company	尼龙 MDX6	纳米黏土	高阻隔性	果汁瓶,啤酒瓶,薄膜,容器
Nanooor	尼龙 6 聚丙烯尼龙 MDX6	纳米黏土	高阻隔性	多用途模具,PET啤酒瓶
Noble Polymer	聚丙烯	纳米黏土	耐高温,高硬度,高强度	汽车,家具
Polymeric Supply	不饱和聚酯环氧树脂	纳米黏土	耐热、阻燃	航海,交通,建设,工业
Polyone	聚烯烃,TPO	纳米黏土	高阻隔性、耐热,高强度,高硬度	包装,汽车
Putsch Kunststoffe GmbH	聚丙烯/聚苯乙烯	纳米黏土	耐磨	汽车
RTP Company	PA6,PC,HIPS,Acetal,PBT,PPS,PEI,PEEK,PC/ABS,PC|PBT	纳米管	高导电性	电子工业,汽车
Ube	尼龙 12	纳米黏土	高强度,热阻隔	汽车燃料系统
Unitka	尼龙 6	纳米黏土	高硬度,热阻隔	多种用途
Curad	未知	纳米银	抗菌	绷带
Pirelli	SBR 橡胶	保密	耐低温	冬季用轮胎
Hyperion	多种材料	多壁碳纳米管	导电性	除静电材料
中国烟台海利公司	超高分子量聚乙烯	纳米黏土	—	抗地震管材

参考文献

[1]马忠辉,孙秦.三维编织体典型结构分析[J].宇航材料工艺,2002(5):25—29.

[2]童忠良.纳米化工产品生产技术[M].北京:化学工业出版社,2006.

[3]童忠良.化工产品手册:树脂与塑料分册[M].北京:化学工业出版社,2008.

[4]张佐光.功能复合材料[M].北京:化学工业出版社,2004.

[5]王勇,黄锐.炭黑预处理对炭黑/HDPE 导电复合材料性能的影响[J].中国塑料,2002,16(10):41.

[6]贡长生.新型功能材料[M].北京:化学工业出版社,2001.

[7]薛友祥,孟宪谦,李宪景.热气体净化用的高温陶瓷过滤材料[J].现代技术陶瓷,2005(3):18—21.

[8]毕鸿章.陶瓷纤维复合过滤器[J].建材工业信息,2001(3):31—34.

[9]杨永芳,刘敏江.聚乙烯/膨化石墨导电复合材料的研究[J].中国塑料,2002,16(10):46.

[10]李侃社,张晓娜,周安宁.HDPE/无烟煤导电复合材料的制备与性能研究[J].中国塑料,2002,16(12):51.

[11]严冰,邓剑如,吴叔青.炭黑/聚氨酯泡沫导电复合材料的开发[J].化工新型材料,2003,30(9):26.

[12]高继和.导电复合材料及其在鱼雷上的应用[J].玻璃钢/复合材料,2000(6):25.

[13]李佩社,邵水源,目兰英等.聚苯胺/石墨导电复合材料的制备与表征[J].高分子材料科学与工程,2002,18(5):93.

第7章　功能高分子材料制备工艺

21世纪的科技发展迅猛,信息科学和技术发展方兴未艾,依然是经济持续增长的主导力量;生命科学和生物技术发展速度惊人,对改善人类生活水平,提高人类生活质量发挥着越来越关键的作用;能源科学和技术再次成为关注的热点,这会为解决世界性的能源与环境问题开辟新的途径;纳米科学和技术新突破接踵而至,将带来深刻的技术革命;而材料学是这些科学和技术发展的共同基础。功能高分子材料作为材料学的分支,正受到人们越来越多的关注。具有各种功能的高分子材料在工业、农业、国防、环境保护以及生命科学领域发挥着越来越重要的作用。功能高分子材料学是研究功能高分子材料规律的科学,学科交叉程度高,涉及领域除高分子化学、高分子物理外,还有力学、光学、电学、医学以及生物学等。

7.1　功能高分子材料功能化方法

7.1.1　通过已知结构和功能设计功能高分子

目前已有许多已知结构和功能的小分子化合物,将这些结构引入高分子骨架,就有可能设计出相应功能的高分子材料(图7-1)。例如,对甲基过氧苯甲酸具有催化烯烃合成环氧化合物的功能,它的缺点是稳定性不好、容易失效,将过氧酸结构引入聚苯乙烯高分子骨架中形成功能高分子,不仅具有催化功能,而且可以克服小分子化合物的缺点,还具有容易分离、可以回收利用的优点。

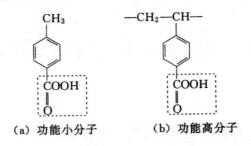

（a）功能小分子　　　　（b）功能高分子

图 7-1　将过氧苯甲酸结构引入高分子骨架

采用这种设计方法时应注意,在高分子骨架与功能结构结合时,将考虑既有利于原有功能的发挥,并能弥补其不足。最终的功能高分子材料的性质取决于原有结构特征和选取的高分子骨架的结构类型以及高分子化的方法。

将具有所需功能的小分子化合物直接引入高分子骨架,也有可能获得功能高分子材料。例如,小分子液晶是已经被发现并使用了很长时间的小分子功能材料,但它的流动性差、不易加工处理的缺点限制了其在某些领域中的使用。将液晶小分子直接引入高分子网络中成为高分子液晶,是设计新的液晶材料的方法之一。

在嵌段聚氨酯中当硬段和软段形成微相分离结构时,材料具有良好的血液相容性。因此,为获得血液相容性的医用高分子材料,在合成聚氨酯时通过选择软段、硬段组成,采用适当的合成方法,特意地获得微相分离的结构。由聚醚、聚丁二烯、聚二甲基硅氧烷作为软段,构成连续相;由脲基和氨基甲酸酯基作为硬段,通过强的氢键使硬段聚集成微区,形成分散相。这样的材料硬段部分提供了一定的机械强度,具有加工性;软段成分的血小板的黏附性,活性和凝血酶的吸收很低,呈现最佳的血液相容性。

由于功能高分子材料的许多功能是官能团结构与大分子骨架协同作用的效果,因此,在功能高分子设计上,要在引入官能团的同时要考虑和研究高分子效应,如空间位置、空间位阻、邻位基团的作用等。

7.1.2　用仿生方式设计功能高分子

生物的范畴中不管是动物还是植物,都是由无机或有机材料通过组合而形成形形色色的结构和组织,例如,仅仅用少数的几种高分子构造了纤维素、木质素、甲壳质、蛋白质和核酸等,进一步构造了从细胞到纤维乃至各种器官,并且能够发挥各种各样的功能。因此,仿造生物的结构、性质和功能为我们设计新型的功能高分子提供了理论依据。

西瓜含水量极高的原因是西瓜中有一种纤维素,仿照西瓜纤维素的构造可以设计超吸水性树脂,它能够吸收超越自身重量数百倍到数千倍的水分;竹子在其表皮组织有密集的纤维束,在内部这样的结构却很稀少,这样形成了一种高强度的复合材料;同样,树木也是由高密度的木质素和低密度的木质素交替形成的高强度材料。仿照植物用相同材料、以不同密度结构复合,为设计高强度材料提供了思路。

陆生动物的肺能够分离空气中的氧气,水生鱼类的鳃能够分离溶解在水中的氧气,供给身体使用。仿造这种特性,设计和制作功能高分子膜用于制造高浓度氧气、分离超纯水等,以达到节省能源以及高分离率的目的。

7.2　功能高分子材料的制备

7.2.1　功能型小分子的高分子化

许多功能高分子材料是从相应的功能小分子化合物发展而来的,这些已知功能的小分子化合物具备了所需要的部分主要功能,但是从实际使用角度来讲,还存在许多不足,无法满足使用要求。对这些功能型小分子主要通过高分子化过程,赋予其高分子的功能特点,将其"材料化",便有可能开发出新的功能高分子材料。例如:小分子过氧酸是常用的强氧化剂,在有机合成中是重要的试剂,将其引入高分子骨架后形成的高分子过氧酸挥发性和溶解性下降,稳定性提高。

这种方法是利用聚合反应将功能型小分子材料高分子化,使制备得到的功能材料同时具有聚合物和小分子的共同性质。功能型小分子与高分子骨架的连接,有通过化学键连接的化学方法,如共聚、均聚等聚合反应,也可以通过物理作用力连接,如共混、吸附、包埋等作用。功能型小分子材料的高分子化主要分为以下两种类型:

(1)可聚合单体法

这种制备方法主要包括两个步骤,首先是通过引入可聚合基团合成功能型小分子单体,然后进行均聚或共聚反应生成功能聚合物。如丙烯酰基苯并三氮唑、丙烯酰烷基苯磺酸钠和苯乙酸季铵盐等,合成可聚合的功能型单体的目的是在小分子功能化合物上引入可聚合基团,这类基团包括双键、吡咯基、噻吩基和氯硅烷等基团。带有氯硅烷基团的单体可以和玻璃等具有羟基的固体载体生成硅氧键而固化。一般来说,从合成化学的角度,双键的形成可以通过卤代烃或醇的碱性消除反应制备,吡咯和噻吩基团的引入可以通过格氏反应完成。功能型小分子与可聚合基团之间的过渡结构,结构和长短应根据引入基团的体积和使用要求加以选择。邻近的大体积的功能基对聚合反应有一定的不利影响长度一般选择 2~10 个碳之间。含有端基双键的单体可以通过加成聚合反应双键打开,生成聚乙烯型聚合物或丙烯酰基聚合物。聚合物的化学组成与聚合前的单体相同。加成聚合反应有明显的三个阶段,即引发、链增长和链终止阶段。引发可以采用化学引发剂的化学引发。这类引发剂常为过氧化物或者偶氮化合物,经过分解成自由基引发聚合反应;也可以是辐照引发,也称为光引发聚合,由光照产生自由基引发聚合,这时往往需要光敏物质加入。光引发的自由基聚合在功能高分子制备中较为常用，可以得到较为纯净的聚合物，如丙烯酰基苯并三氮唑的光自引发聚合反应等。根据聚合反应体系和聚合介质不同，加成聚合反应分为本体聚合、溶液聚合、悬浮聚合、乳液聚合 4 种。电化学聚合也是一种新型功能高分子材料的制备方法。对于含有端基双键的单体可以用诱导还原电化学聚合；对于含有吡咯或者噻吩的芳香杂环单体，氧化电化学聚合是比较适宜的方法。电化学聚合方法已经被用于电导型聚合物的合成和聚合物电极表面修饰过程。

　　如果要在聚合物主链中引入功能基团，一般需要采用缩聚反应制备。用于缩聚反应的功能型单体的制备是在功能型小分子上引入双功能基，如双羟基、双氨基、双羧基，或者分别含有两种以上上述基团。缩聚反应是通过酯化、酰胺化等反应，脱去一个小分子形成酯键或酰胺键构成长链大分子。根据功能型小分子中可聚合基团与功能基团的相对位置，缩聚反应生成的功能高分子其功能基可以在聚合物主链上，也可以在侧链上。当双官能团分别处在功能基团的两侧时，则得到主链型功能高分子；而当双官能团处在功能基团的同一侧时，则得到侧链型功能高分子。

　　缩合反应最明显的特征是反应的逐步性和可逆性，反应速度较慢。控制反应条件可以使缩合反应停止在某一阶段，也可以在任何时候恢复缩合反应。水解等降解反应是缩聚的逆反应，可以使聚合物的相对分子质量降低。由缩聚产生的聚合物力学性能一般好于聚乙烯型高分子。除了单纯的加成聚合和缩合聚合之外，采用多种单体进行共聚反应制备功能高分子也是一种常见的方法，特别是当需要控制所含功能基团在生成聚合物内分布的密度时，或者需要调节生成聚合物的物理化学性质时，共聚反应可能是唯一可行的解决办法。根据单体结构的不同，共聚物可以通过加成聚合或者缩合反应制备。在共聚反应中借助于改变单体的种类和两种单体的相对量，可以得到多种不同性质的聚合物。因为在均聚反应中生成的功能聚合物中每一个结构单元都含有一个功能基团，而共聚反应可以将两种以上的单体以不同结构单元的形式结合到一条聚合物主链上。根据不同结构单元在聚合物链中排布的不同,可以将共聚反应生成的聚合物分成交替共聚物和嵌段共聚物,分别表示两种结构单元在聚合物链中交替连接和成段连接。

(2)聚合包埋法

聚合包埋法是利用生成高分子的束缚作用,将功能型小分子包埋固定来制备功能高分子材料的方法。制备方法是在聚合反应之前,向单体溶液中加入小分子功能化合物,在聚合过程中小分子被生成的聚合物所包埋,得到的功能高分子材料聚合物骨架与小分子功能化合物之间没有化学键连接,固化作用通过聚合物的包络作用来完成。这种方法制备的功能高分子材料类似于用共混方法制备的高分子材料,但是均匀性更好。此方法的优点是方法简便,功能小分子的性质不受聚合物性质的影响,因此特别适宜对酶这种敏感材料的固化;缺点是在使用过程中包络的小分子功能化合物容易逐步失去,特别是在溶胀条件下使用,将加快固化酶的失活过程。通过聚合法制备功能高分子材料的主要优点在于可以使生成的功能高分子功能基分布均匀,生成的聚合物结构可以通过小分子分析和聚合机理加以测定,产物的稳定性较好,因此获得了较为广泛的应用。这种方法的不利之处主要包括:在功能型小分子中需要引入可聚合单体,而这种引入常常需要复杂的合成反应;要求在反应中不破坏原有的结构和功能;当需要引入功能基稳定性不好时需要加以保护;引入功能基后对单体聚合活性的影响也需要考虑。因此根据已知功能的小分子为基础,设计与制备功能高分子时要注意以下几点:①引入高分子骨架后应有利于小分子原有功能的发挥,并能弥补其不足,两者功能不可互相影响;②高分子化过程要尽量不破坏小分子功能材料的作用部分,如主要官能团;③小分子功能材料能否发展成为功能高分子材料,还取决于小分子的结构特征和选取的高分子骨架的结构类型是否匹配。

7.2.2　普通高分子材料的功能化

此方法是通过化学的或物理的方法对已有聚合物进行功能化,使常见的高分子材料赋予特定功能,成为功能高分子材料。这种方法的优点是可以利用大量的商品化聚合物,通过对高分子材料的选择,由此得到的功能高分子材料的力学性能比较有保障。通过高分子材料的功能化制备功能高分子材料,包括高分子材料的化学功能化、物理功能化和加工功能化三种方法,下面分别进行讨论。

(1)高分子材料的化学功能化

这种方法主要是利用接枝反应在高分子骨架上引入活性功能基,从而改变聚合物的物理、化学性质,赋予其新的功能。能够用于这种接枝反应的聚合材料有很多都是可以买到的商品,常见的品种包括聚苯乙烯、聚乙烯醇、聚丙烯酸衍生物、聚丙烯酰胺、聚乙烯亚胺、纤维素等,其中使用最多的是聚苯乙烯。这是因为单体苯乙烯可由石油化工大量制备,原料价格低廉,加入二乙烯苯作为交联剂共聚可以得到不同交联度的共聚物。但是以上商品一般可以得到的聚合物相对来说都是化学惰性的,一般无法直接与小分子功能化试剂反应,引入功能化基团,往往需要对其进行一定结构的改造,引入活性基团。聚合物结构改造的方法主要有以下几类:

①聚苯乙烯的功能化反应。聚苯乙烯型功能高分子的特点是这种聚合物与多种常见的溶剂相容性比较好;对制成的功能高分子的使用范围限制较小;交联度通过二乙烯苯的加入量比较容易控制,可以得到不同孔径度的树脂;改变制备条件,可以得到凝胶型、大孔型、大网状、米花状树脂。机械和化学稳定性好是聚苯乙烯的另外一个优点,因为聚苯乙烯型骨架较少受到常见化学试剂的攻击。

②聚氯乙烯的功能化反应。聚氯乙烯也是一种常见、价廉、

有一定反应活性的聚合物,经过一定结构改造,可以作为高分子功能基的底材。结构改造主要发生氯原子取代位置,通过高分子反应在这一位置引入活性较强的官能团。聚氯乙烯脱去氯化氢则生成带双键的聚合物,可以进行各种加成反应。聚氯乙烯也可以通过叠氮化提高反应活性后再引入活性基团。聚氯乙烯的反应活性较小,需要反应活性较高的试剂和比较激烈的反应条件。

③聚乙烯醇的功能化反应。聚乙烯醇也是一种常用于功能高分子材料制备的聚合物,聚合物骨架上的羟基可以与邻位具有活性基团的不饱和烃或者卤代烃反应形成醚键而引入功能基团;与醛酮类化合物进行缩醛反应,可以使被引入基团通过两个相邻醚键与聚合物骨架连接,双醚键可以增强其化学稳定性。

④聚环氧氯丙烷的功能化反应。聚环氧氯丙烷或者环氧氯丙烷与环氧乙烷的共聚物是可用来制备功能高分子的另外一类原料。聚合物链上的氯甲基与醚氧原子相邻,具有类似聚氯甲基苯乙烯的反应活性,可以在非质子型极性溶剂中与多种亲核试剂反应,生成叠氮结构,或者生成酯键、碳硫键等结构,进一步增强反应活性。

⑤缩合型聚合物的功能化方法。缩合型聚合物在力学性能上具有很多优点,主要作为工程塑料和化学纤维材料,比较典型的如聚酰胺、聚酯和聚内酰胺等。缩合型聚合物还有稳定性较好的聚苯醚。但是为了增强反应活性,也必须在聚合物中引入活性官能团。

⑥无机聚合物功能化方法。无机聚合物通过功能化也可以作为功能高分子材料的载体,如硅胶和多孔玻璃珠等都是可以作为载体的无机高分子。硅胶和玻璃珠表面具有大量的硅羟基,这些羟基可以通过与三氯硅烷等试剂反应,直接引入功能基,或者引入活性更强的官能团,为进一步功能化反应做准备。

(2)高分子材料的物理功能化

虽然聚合物的功能化采用化学方法具有许多优点(如因通过化学键可以使功能基成为高分子骨架的一部分,因此得到的功能高分子材料稳定性较好),但是仍然还有一部分是通过对聚合物采用物理功能化的方法而制备的。其主要原因是物理方法比较简便、快速,多数情况下不受场地和设备的限制,特别是不受聚合物和功能型小分子官能团反应活性的影响,适用范围宽,有更多的聚合物和功能小分子化合物可供选择,同时得到的功能化聚合物其功能基的分布也比较均匀。

高分子的物理功能化方法主要是通过小分子功能化合物与聚合物的共混合复合来实现的。共混方法主要有熔融态共混合溶液共混。熔融态共混与两种高分子共混相似,是将聚合物熔融,在熔融态加入功能型小分子,搅拌均匀。功能型小分子如果能够在聚合物中溶解,将形成分子分散相,获得均相共混体,否则功能型小分子将以微粒状态存在,得到的是多相共混体。因此,功能型小分子在聚合物中的溶解性直接影响共混型功能高分子材料的相态结构。溶液共混是将聚合物溶解在一定溶剂中,同时,功能型小分子或者溶解在聚合物溶液中成分子分散相,或者悬浮在溶液中成混悬体。溶剂蒸发后得到共混聚合物。在第一种条件下得到的是均相共混体,第二种条件下得到的是多相共混体。无论是均相共混还是多相共混,结果都是功能型小分子通过聚合物的包络作用得到固化,聚合物本身由于功能型小分子的加入,在使用中发挥相应作用而被功能化。这类功能高分子材料最典型的是导电橡胶和磁性橡胶,它们都是在特定条件下,导电材料或磁性材料粉末与橡胶高分子通过共混处理制备的。

(3)高分子加工功能化

①高分子粉末的利用。高分子粉末以干燥状态可以用流化床法进行喷涂制膜或得到要求的形状;高分子粉末以乳胶态也可以制膜或得到要求的形状。

②纺丝。纤维生产过程中的各种纺丝方法和各种异形截面的喷丝孔可以得到多种差别化功能纤维材料。

③制膜。应用玻璃纤维和粘胶纤维的生产技术可以得到中空纤维或膜以及合成纸等功能材料。

④反应成型。单体浇注聚酰胺,释放负离子聚氨酯弹性材料制备等。

7.2.3 功能高分子材料的复合制备方法

功能高分子材料表现出的功能是多种多样的,有的甚至具有相当复杂的功能,同时功能高分子材料当前的制备技术也已经相当复杂,有时只用一种高分子功能材料难以满足某种特定需要,如单向导电聚合物的制备,必须要采用两种以上的功能材料加以复合才能实现。

(1)通过小分子或高分子的化学反应制备功能高分子材料

从高分子结构的角度出发,分子设计包括一次结构和二次结构的设计。一次结构主要是指高分子链的化学结构,如主链和侧基的化学结构,其上所带的官能团等,二次结构是指高分子链的结构,如高分子链的构象以及分子量及其分布等。

高分子链的化学结构是决定高分子功能性的基本因素,因此如前所述,需对其上所含的官能团的化学结构、官能团的数量以及官能团的分布等进行设计,这也是目前在功能高分子结构设计中研究较热的内容之一。

对于某些功能高分子,其功能性则取决于特殊的二次结构,如共轭型导电高分子的结构特征是高分子链的共轭结构和与链非键合的一价对阴离子(p-型掺杂)或对阳离子(n-型掺杂)组成的,这是因为共轭结构的 π 电子有较高的离域程度,既表现出足够的电子亲和力,又表现出较低的电子离解能。当它与电子受体或电子给体掺杂时,高分子链可被氧化(失去电子)或被还原(得到电子),从而获得导电功能。又如液晶高分子,对于主链型高分子液晶其主链的结构应是刚性的,使之在一定的条件下可以产生某种定向的排列,形成液晶;而对于侧链型高分子液晶,主链通常是柔性的,在其侧基上带有刚性的液晶基元。

功能性小分子的高分子化,通常是在一些功能性小分子中引入可聚合的基团,如乙烯基、吡咯基、羧基、羟基、氨基等,然后通过均聚或共聚反应生成功能聚合物。如高吸水性树脂可以通过将含亲水性基团的丙烯酸钠进行自由基聚合来实现,导电高分子聚苯胺可以通过苯胺的聚合来得到。下面列举了一些常用于合成功能性高分子的功能性小分子结构示意图(图 7-2),其中为了避免在聚合过程中,聚合基团对功能基团产生影响,通常还向其中引入隔离基 Z。具体的实施方法可以采用本体聚合、溶液聚合、乳液聚合、悬浮聚合、电化学聚合。

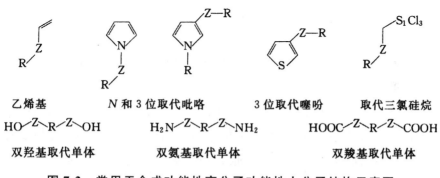

图 7-2　常用于合成功能性高分子功能性小分子结构示意图

通过聚合法制备功能高分子材料的主要优点在于可以使生成的功能高分子中的功能基团分布均匀,生成的聚合物结构可以通过小分子分析和聚合机理加以预测,产物的稳定性高,但这种方法需在功能性小分子中引入可聚合单体,从而使反应较为复杂,同时在反应中反应条件对功能基团会产生一定的影响,需对功能基团加以保护,使材料的成本增加。

(2)通过特殊加工赋予高分子的功能特性

许多聚合物通过特定的加工方法和加工工艺,可以较精确地控制其聚集状态结构及其宏观形态,从而使之体现出一定的功能性。例如,将高透明性的丙烯酸酯聚合物,经熔融拉丝使其分子链高度取向,可得到塑料光导纤维。又如,许多通用塑料(如聚乙烯、聚丙烯等)和工程塑料(如聚碳酸酯、聚砜等)通过适当的制膜工艺,可以精确地控制其薄膜的孔径,制成具有分离功能的多孔膜和致密膜。正是这些塑料分离膜的出现,才奠定了现代膜分离技术的发展。

(3)通过普通聚合物与功能材料的复合,制成复合型功能高分子材料

这是一种利用物理作用制备功能高分子的方法。这种方法可以在聚合反应前,向单体溶液中加入功能性化合物,在聚合过程中完成与功能性小分子的复合;也可以采用聚合物溶液或使聚合物处于熔融状态时与其他的功能性化合物混合。这种方法生成的功能高分子材料在聚合物与功能性化合物间通常无化学键连接,固化作用通过聚合物的包络作用完成。

这种制备方法简便、快速,不受场地和设备限制,不受聚合物和功能性化合物官能团反应活性的影响,适用范围宽,功能基团的分布较均匀。适用于聚合物或功能性化合物反应活性低,不能或不易采用化学接枝反应进行功能化,以及被引入功能性物质对化学反应过于敏感,不能承受化学反应条件的情况,但其共混体不稳定,在使用条件下(如溶胀、成膜等)功能聚合物易由于功能性小分子的流失而逐步失去活性,如固定化酶。

这是目前经常采用的一种制备功能高分子材料的方法,如将绝缘塑料(如聚烯烃、环氧树脂等)与导电填料(如炭黑、金属粉末)共混可制得导电塑料;与磁性填料(如铁氧体或稀土类磁粉)共混可制得磁性塑料。

这种功能高分子材料基本上由三种不同结构的相态组成,即:由聚合物基体组成的连续相、由填料组成的分散相以及由聚合物和填料之间构成的界面相。这三种相的结构与性能,它们的配置方式和相互作用以及相对含量决定了功能高分子材料的性能。因此,为了获得某种功能或性能,必须对其组分和复合工艺进行科学的设计和控制,从而获得与该功能和性能相匹配的材料结构。例如,在导电性功能高分子材料中,导电填料粉末必须均匀分散于聚合物连续相中,且其体积含量必须超过某一定值,以致在整个材料中形成网络结构,即导电通路时,材料才具有最大的导电性。

7.3　典型功能高分子材料及其应用

7.3.1　化学功能高分子材料

1. 高分子膜

(1)气体分离膜

气体分离膜按结构可以分为两类,即均质膜和多孔膜。透氢的含硅聚酰亚胺均质膜的制备如下:将四种单体材料双二甲基硅烷(SiDA)、聚苯胺(BDA)、3,3-二甲基联苯胺(PDA)、3,3-二甲基联苯胺(DDA)进行聚合。将聚合的含硅聚酰胺浇在干净的玻璃板上,在氮气中缓慢升温到 300℃,保温 2h,自然冷却到室温,水中脱膜而成。其他成膜方法还很多,除上述玻璃板流延成型外,水面滴液展开法也可制出超薄分离膜。气体分离膜在目前最广泛的应用是制备富氧空气或纯气体。

(2)选择分离高分子膜

在溶液中使用的高分子分离膜包含压强差(反渗透、超过滤、微滤)膜、离子交换膜和溶液分离(无机液体透析、有机液体分离)膜三种。反渗透、超滤和微滤膜透过的物质细,要求膜的孔径小,若想要减小迁移阻力还必须减小膜厚度。为避免压强差引起的膜破坏,一般使用不对称膜或复合膜结构。所谓不对称膜是指材质相同,但各层孔径不同;而复合膜,则材质也不同。实用化的反渗透膜中使用醋酸纤维的占绝大多数,而芳香族聚酰胺合成高分子膜也正在被应用。不对称膜制造一般采用相转变法,例如,制造醋酸纤维反渗透膜时,首先将醋酸纤维溶于丙酮,再加入制孔剂甲酰胺。将溶液流延于玻璃板上,挥发片刻后浸入水中,发生水和丙酮间的互扩散,干燥形成多孔膜。

2. 高分子化学试剂

(1)高分子酸碱催化剂

高分子催化剂的作用与酸、碱性催化剂相同,阳离子交换树脂提供氢离子;阴离子交换树脂提供氢氧根离子,且离子交换树脂的不溶性,可用于多相反应。采用高分子酸碱催化剂进行催化反应有三种方式可供选择:像普通反应一样将催化剂和反应物混合在一起,反应后将得到的产物与催化剂进行分离操作;将催化剂固定在反应床上进行反应,反应物作为流体通过反应床,产物随流出物和催化剂分离;反应器为色谱柱,催化剂作为填料填入色谱柱中,反应与色谱分离过程相似,在一定的溶剂冲洗下通过具有催化剂的反应柱,当流体与产物混合从柱中流出时反应结束。第三种反应装置可以连续进行,在工业上具有提高产量、节省成本、简化工艺的特点。

(2)高分子金属络合物催化剂

高分子金属络合催化剂是在高分子骨架上引入配位基团和金属离子后反应得到的高分子化合物,由于它的溶解性低,可以用作多相催化剂。目前使用高分子金属络合催化剂越来越普遍,高分子络合催化剂的制备也成为热点。最常见的方法是通过共价键使金属络合物中的配位体与高分子骨架相连接,构成的高分子配位体再与金属离子进行络合反应形成高分子金属络合物。根据分子轨道理论和配位化学规则,作为金属配合物的配位体,在分子中应具有以下两类结构之一:一类是分子结构中含有 P、S、O、N 等可以提供未成键电子的所谓配位原子,含有这类结构的化合物种类繁多;另一类是分子结构中具有离域性强的 π 电子体系。小分子配位体的高分子化是制备高分子金属络合物催化剂的主要工作,高分子配位体的合成方法主要分成以下几类:①首先合成具有可聚合官能团的配位体单体(功能性单体),然后在适当条件下完成聚合反应;②利用聚合物和配位基上的某些基团反应,将配位体直接键合到聚合物载体上,制备高分子配位体;③合成得到的配位体单体,也可以先与金属离子络合,生成络合物型单体后再进行聚合反应,完成高分子化过程。由于形成的络合单体常会影响聚合反应,甚至发生严重副反应,使聚合过程失败,所以③反应应用比较少。

(3)聚合性 pH 值指示剂和聚合性引发剂

将偶氮类的结构连接在高分子骨架上,当遇见酸碱时发生化学反应,伴随有颜色的变化,所以将这类高分子化合物叫作聚合性 pH 指示剂。这种指示剂具有稳定性好、寿命长、不怕被待测物污染等特点。

同样,将过氧或者偶氮等具有引发聚合反应功能的分子结构高分子化,可以得到聚合塑型引发剂。这类引发剂可用来催化聚合物的接枝反应。过渡金属卤化物高分子化后得到的聚合物引发剂可以引发含有端双键的单体聚合,生成接枝或者嵌段聚合物。

3. 高吸水性树脂

高分子吸收树脂具有独特的优势,它是一种含有羧基、羟基等强亲水性基团并具有一定交联度的水溶胀型高分子聚合物,既不溶于水,也难溶于有机溶剂,具有吸收自身几百倍甚至上千倍水的能力,且吸水速率快,保水性能好,即使加压也难把水分离出来。

根据原料来源、亲水基团引入方法、交联方法、产品形状等的不同,高吸水性树脂可有多种分类方法,其中以原料来源这一分类方法最为常用。按这种方法分类,高吸水性树脂主要可分为淀粉类、纤维素类和合成聚合物类三大类。

(1)淀粉类

淀粉类高吸水性树脂主要有两种形式。一种是由美国农业部北方研究中心开发成功的,淀粉与丙烯腈进行接枝反应后,用碱性化合物水解引入亲水性基团的产物;另一种是由日本三洋化成公司首开先河的,淀粉与亲水性单体(如丙烯酸、丙烯酰胺等)接枝聚合,然后用交联剂交联的产物。这类高吸水性树脂的优点是原料来源丰富,产品吸水倍率较高,通常都在千倍以上。缺点是吸水后凝胶强度低,长期保水性差,在使用中易受细菌等微生物分解而失去吸水、保水作用。

(2)纤维素类

纤维素改性高吸水性树脂也有两种形式。一种是由纤维素与亲水性单体接枝的共聚产物;另一类是纤维素与一氯醋酸反应引入羧甲基后用交联剂交联而成的产物。纤维素存在改性高吸水性树脂的吸水倍率较低,易受细菌的分解失去吸水、保水能力的缺点。

(3)合成聚合物类

合成聚合物类可分为聚丙烯酸盐类、聚丙烯腈水解物、醋酸乙烯酯共聚物、改性聚乙烯醇类四大类。

7.3.2 人体器官用高分子材料

高分子材料是充分体现人类智慧的材料,是 20 世纪人类科学技术的重要科技成果之一。随着科学技术的发展,高分子材料还进一步渗透到医学研究、生命科学和医疗保健各个领域,起着越来越重要的作用。用聚酯、聚丙烯纤维制成人工血管可以替代病变受伤而失去作用的人体血管;用聚甲基丙烯酸甲酯、较大相对分子质量聚乙烯、聚酰胺可以制成头盖骨、关节,用于外伤或疾病患者,使之具有正常的生活与工作能力;人工肾、人工心脏等人工脏器也可由功能高分子材料制成,移植在人体内以替代受损而失去功能的脏器,具有起死回生之功效。除此以外,人工血液的研究,高分子药物开发和药用包装材料的应用都为医疗保健的发展带来新的革命;医用胶黏剂的出现为外科手术新技术的运用开辟了一条新的途径。高分子材料在治疗、护理等方面的一次性医疗用品(用即弃)的应用更为广泛,达数千种之多。

1. 人工心脏与人工心脏瓣膜

（1）人工心脏

最早的人工心脏是 1953 年 Gibbons 的心肺机，其利用滚动泵挤压泵管将血液泵出，类似人的心脏搏血功能，进行体外循环。1969 年美国 Cooley 首次将全人工心脏用于临床，为一名心肌梗塞并发室壁瘤患者移植了人工心脏，以等待供体进行心脏移植。虽因合并症死亡，但这是利用全人工心脏维持循环的世界第一个病例。人工心脏的关键是血泵，从结构原理上可分为囊式血泵、膜式血泵、摆形血泵、管形血泵、螺形血泵五种。由于后三类血泵血流动力学效果不好，现在已很少使用。膜式和囊式血泵的基本构造由血液流入道、血液流出道、人工心脏瓣膜、血泵外壳和内含弹性驱动膜或高分子弹性体制成的弹性内囊组成。在气动、液动、电磁或机械力的驱动下促使血泵的收缩与舒张，由驱动装置及临控系统调节心律、驱动压、吸引压收缩张期比。

（2）人工心脏瓣膜

人工心脏瓣膜指能使心脏血液单向流动而不返流，具有人体心脏瓣膜功能的人工器官。人工心脏瓣膜主要有机械瓣和生物瓣两种。

1）机械瓣

最早使用的是笼架—球瓣，其基本结构是在一金笼架内有一球形阻塞体（阀体）。当心肌舒张时阀体下降，瓣口开放血液可从心房流入心室，心脏收缩时阀体上升阻塞瓣口，血液不能返流回心房，而通过主动脉瓣流入主动脉至体循环。

2）生物瓣

全部或部分使用生物组织，经特殊处理而制成的人工心脏瓣膜称为生物瓣。由于 20 世纪 60 年代的机械瓣存在诸如血流不畅、易形成血栓等缺点，探索生物瓣的工作得到发展。由于取材来源不同，生物瓣可分为自体、同种异体、异体三类。若按形态来分类，则分为异体或异体主动瓣固定在支架上和片状组织材料经处理固定在关闭位两类。

通常采用金属合金或塑料支架作为生物瓣的支架,外导包绕涤纶编织物。生物材料主要用作瓣叶。由于长期植入体内并在血液中承受一定的压力,生物瓣材料会发生组织退化、变性与磨损。生物瓣材料中的蛋白成分也会在体内引起免疫排异反应,从而降低材料的强度。为解决这些问题虽采用过深冷、抗菌素漂洗、甲醛、环氧乙烷、γ射线、丙内酯处理等,但效果甚差,直到采用甘油浸泡和戊二醛处理,才大大地提高了生物瓣的强度。

2. 氧富化膜与人工肺

(1)氧富化膜

氧富化膜又叫作富氧膜,是为将空气中的氧气富集而设计的一类分离膜。将空气中的氧富集至40%(质量分数)甚至更高,有许多实际用途。空气中氧的富集有许多方法,例如空气深冷分馏法、吸附-解吸法、膜法等。用作人工肺等医用材料时,考虑到血液相容性、常压、常温等条件,上述诸法中,以膜法最为适宜。

(2)人工肺

在进行心脏外科手术中,心脏活动需暂停一段时间,此时需要体外人工心肺装置代行其功能;呼吸功能不良者,需要辅助性人工肺;心脏功能不良者需要辅助循环系统,用体外人工肺向血液中增加氧。所有这些,都涉及人工肺的使用。

目前人工肺主要有以下两种类型。

①氧气与血液直接接触的气泡型,具有高效、廉价的特点,但易溶血和损伤血球,仅能短时间使用,适合于成人手术。

②膜型,气体通过分离膜与血液交换氧和二氧化碳。膜型人工肺的优点是容易小型化,可控制混合气体中特定成分的浓度,可连续长时间使用,适用于儿童的手术。

人工肺所用的分离膜要求气体透过系数 p_m 大,氧透过系数 p_{O_2} 与氮透过系数 p_{N_2} 的比值 p_{O_2}/p_{N_2} 也要大。这两项指标的综合性好,有利于人工肺的小型化。此外,还要求分离膜有优良的血液相容性、机械强度和灭菌性能。

可用作人工肺富氧膜的高分子材料很多,其中较重要的有硅橡胶(SR)、聚烷基砜(PAS)、硅酮聚碳酸酯等。

硅橡胶具有较好的 O_2 和 CO_2 透过性,抗血栓性也较好,但机械强度较低。在硅橡胶中加入二氧化硅后再硫化制成的含填料硅橡胶 SSR,有较高的机械强度,但血液相容性降低。因此,将 SR 和 SSR 粘合成复合膜,SR 一侧与空气接触,以增加膜的强度,SR 一侧与血液接触,血液相容性好,这种复合膜已成为商品进入市场。此外,也可用聚酯、尼龙绸布或无纺布来增强 SR 膜。

聚烷基砜膜的 O_2 分压和 CO_2 分压都较大,而且血液相容性也很好,因可制得全膜厚度仅 $25\mu m$、聚烷基砜膜层仅占总厚度 $1/10$ 的富氧膜,它的氧透过系数为硅橡胶膜的 8 倍,CO_2 透过系数为硅橡胶膜的 6 倍。

硅酮聚碳酸酯是将氧透过性和抗血栓性良好的聚硅氧烷与力学性能较好的聚碳酸酯在分子水平上结合的产物。用它制成的富氧膜是一种均质膜,不需支撑增强,而且氧富集能力较强。能将空气富化至含氧量 40%。

3. 组织器官替代的高分子材料

皮肤、肌肉、韧带、软骨和血管都是软组织,主要由胶原组成。胶原是哺乳动物体内结缔组织的主要成分,构成人体约 30% 的蛋白质,共有 16 种类型,最丰富的是 I 型胶原。在肌腱和韧带中存在的是 I 型胶原,在透明软骨中存在的是 II 型胶原。I 和 II 型胶原都是以交错缠结排列的纤维网络的形式在体内连接组织。骨和齿都是硬组织。骨是由 60% 的磷酸钙、碳酸钙等无机物质和 40% 的有机物质所组成。其中在有机物质中,$90\% \sim 96\%$ 是胶原,其余是羟基磷灰石和钙磷灰石等矿物质。所有的组织结构都异常复杂。高分子材料作为软组织和硬组织替代材料是组织工程的重要任务。组织或器官替代的高分子材料需要从材料方面考虑的因素有力学性能、表面性能、孔度、降解速率和加工成型性。需要从生物和医学方面考虑的因素有生物活性和生物相容性、如何与血管连接、营养、生长因子、细胞黏合性和免疫性。

在软组织的修复和再生中,编织的聚酯纤维管是常用的人工血管(直径大于 6mm)材料,当直径小于 4mm 时用嵌段聚氨酯。软骨仅由软骨细胞组成,没有血管,一旦损坏不易修复。聚氧化乙烯可制成凝胶作为人工软骨应用。人工皮肤的制备过程是将人体成纤维细胞种植在尼龙网上,铺在薄的硅橡胶膜上,尼龙网起三维支架作用,硅橡胶膜保持供给营养液。随着细胞的生长释放出蛋白和生长因子,成为皮组织。

骨是一种密实的具有特殊连通性的硬组织,由Ⅰ型胶原和以羟基磷灰石形式的磷酸钙组成。骨包括内层填充的骨松质和外层的长干骨。长干骨具有很高的力学性能,人工长干骨需要用连续纤维的复合材料制备。人工骨松质除了生物相容性(支持细胞黏合和生长和可生物降解)的要求外,也需要具有与骨松质有相近的力学性能。

神经细胞不能分裂但可以修复。受损神经的两个断端可用高分子材料制成的人工神经导管修复。在导管内植入少许旺细胞和控制神经营养因子的装置应用于人工神经。电荷对神经细胞修复具有促进功能,驻极体聚偏氟乙烯和压电体聚四氟乙烯制成的人工神经导管对细胞修复也具有促进功能,但它们是非生物降解性的高分子材料,不能长期植入在体内。

4. 人工骨

骨是支撑整个人体的支架,骨骼承受了人体的整个重量,因此,最早的人工骨都是金属材料和有机高分子材料,但其生物相容性不好。随着人对骨组织的认识和生物医学材料的发展,人们开始向组织工程方向努力。通过合成纳米羟基磷灰石和计算机模拟对人工骨铸型,与生长因子一起合成得到活性人工骨。

自然骨和牙齿是由无机材料和有机材料巧妙地结合在一起的复合体。其中无机材料大部分是羟基磷灰石结晶$[Ca_{10}(PO_4)_6$

$(OH)_2$](HAP),还含有 CO_3^{2-}、Mg^{2+}、Na^+、Cl^-、F^- 等微量元素;有机物质的大部分是纤维性蛋白骨胶原。在骨质中,羟基磷灰石大约占 60%,其周围规则地排列着骨胶原纤维。齿骨的结构也类似于自然骨,但齿骨中羟基磷灰含量更高达 97%。

羟基磷灰石的分子式是 $Ca_{10}(PO_4)_6(OH)_2$,属六方晶系,天然磷矿的主要成分 $Ca_{10}(PO_4)_6F_2$ 与骨和齿的主要成分羟基磷灰石[$Ca_{10}(PO_4)_6(OH)_2$]类似。

对羟基磷灰石的研究有很多,例如,把 100% 致密的磷灰石烧结体柱($4.5mm \times 2mm$)埋入成年犬的大腿骨中,对 6 个月期间它的生物相容性做了研究。埋入 3 周后,发现烧结体和骨之间含有细胞(纤维芽细胞和骨芽细胞)的要素,而且用电子显微镜观察界面可以看到骨胶原纤维束,平坦的骨芽细胞或无定形物;6 个月纤维组织消失,可以看到致密骨上的大裂纹,在界面带有显微方向性的骨胶原束,以及在烧结体表面 $60 \sim 1500 Å$ 范围可看到无定形物。结论是磷灰石烧结体不会引起异物反应,与骨组织会产生直接结合。

7.3.3　药用高分子材料

常用的药物为小分子化合物,其作用快、活性高,但在人体内停留时间短,对人体的毒副作用大。为了使药物在血液中的浓度维持在一定范围内,必须定时、定量服药。有时为了避免药物对肠胃的刺激,还必须在饭后服用。使用高分子药物可以在一定程度上克服小分子药物的这些缺陷,在减小药物的毒性,维持药物在血液中的停留时间,实现定向给药等方面具有独特优势。

高分子材料在药物中的应用主要有:①小分子药物高分子化;②高分子载体药物控制释放体系;③高分子药物。其中以高分子材料作为载体的药物控制释放体系应用最为广泛。

高分子载体药物控制释放体系是将小分子药物均匀地分散在高分子基质中或者包裹在高分子膜中,利用其高分子基质的溶解性、生物降解性等特性或者利用高分子膜两侧药物的浓度差、渗透压差等，控制药物的释放速率或释放部位。

　　高分子材料之所以被选作药物控制释放体系的载体，其原因主要有药物可通过从载体高分子扩散或因载体高分子降解而缓慢地或可控地释放；分子量大，使之能在释放部位长时间驻留；除了药物以外，还可在高分子载体上附加其他功能，使之能控制药物的释放速率以及赋予靶向功能等。

　　"药物治疗"的疗效由两个方面的因素综合影响，即药物和给药方式，药物疗效的发挥需要将生理活性物质制备为合理的剂型。

　　通常研究剂型主要是为了使药物能立即释放发挥药效。然而，人们逐渐认识到药物释放要受药物疗效和毒、副作用的限制。如图 7-3(a) 为一般的给药方式，这种给药方式引起体内组织和血液中的药物浓度波动很大，药物浓度只能在人体内维持很短的时间，药物也将超过或低于最高耐受剂量和最低有效剂量。这将造成药物达不到应有的疗效，且还很有可能产生一些副作用，严重时会产生机体损坏或医源性疾病。这促使人们研究给药程序和给药速度的控制，并将常规药物制剂用药物释放体系(drug delivery system，简称 DDS)来代替，这一药物释放系统在体内的药物释放浓度与时间的关系见图 7-3(b)，它能按预定的方向和需求向身体的某一器官或者全身释放一种或多种药物，这种药物释放过程是连续的，并且在固定的时间内药物在体内或血浆中维持一段固定的值，这一值是治疗效果最佳，且对人体的副作用最小的一点。如图 7-4 为一般的药物释放体系(DDS)的原理框架，由药物储存、释放程序、能源相、控制单元四部分构成。所使用的材料大部分是具有响应功能的生物相容性高分子材料，包括天然和合成聚合物。根据控释药物和疗效的需要，改变 DDS 的四个结构单元就能设计出理想的药物释放体系。按药物在体系中的存放形式，通常可将药物释放体系分为储存器型和基材型。

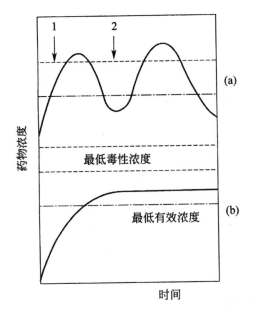

图 7-3　常规(a)和控样药物(b)制剂的药物水平

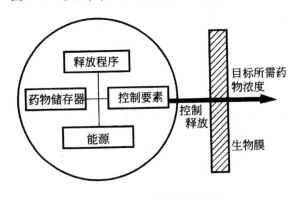

图 7-4　DDS 的结构单元

　　储存器型 DDS 是利用高分子成膜性制成的微包囊,药物包于其中。此时药物的释放速率由聚合物种类及微包囊膜厚控制。这种方法应用方便,并能根据不同的使用目的改变药物微囊的粒径,粒径可以从微米到纳米。除高分子膜材外,还可根据渗透原理制成控制药物恒速释放的 DDS。对于水溶性药物,将其与可产生渗透压的试剂组合,并采用半透膜包覆。当这种体系浸入水或水溶液时,体系内的试剂经半透膜吸水生成溶液而产生渗透压,促使药物以恒速通过半透膜上的小孔外流。如果药物不易溶于水,可做成较复杂的双室体系。其中一室内的化合物经半透膜吸水变成溶液。产生的渗透压推动另一室的药物从膜上小孔释出。药物的溶解度和膜材料的性质对这类体系的设计影响很大。目前在口服治疗中已采用这种药物释放体系。还有一种典型的储存器 DDS,它用聚合物膜精确控制毛果芸香碱,以每天几微克到几毫克的速度择放,以便长期治疗慢性青光眼。

第二类药物释放体系——基材型 DDS,是以物理和化学方法固定药物的。如通过溶液中干燥法或在位(insit)聚合法,可把药物包埋于高分子基材中,此时基体材料的性质、高分子的物理、化学、生物性能以及药物在基体中的分布共同影响药物释放的速率和总释放分布。例如,通过聚合物的溶胀、溶解和生物降解过程可控释放固定在基材内的药物,或利用聚合物对药物、溶质和水在其中扩散速率的控制作用来控释药物。

药物的释放受自身的溶解及在充满水的孔中的扩散控制。该半球形体系外层用非渗透性物质石蜡包裹,仅在平面的中心留有一开口小孔,半球内是聚合物与药物的混合物(如聚乙烯和水杨醛钠,或乙烯/醋酸乙烯醇共聚物和血清血蛋白)。用这种 DDS 可恒速控释这些小分子或大分子药物。

7.3.4 智能高分子材料

1. 温敏性凝胶

温敏凝胶对温度的响应有两种类型:一种是在温度低于低温临界溶解度(LCST)时呈收缩状态,当温度高于低温临界溶解度(LCST)时则处于膨胀状态。温度的变化影响了凝胶网络中氢键的形成或断裂,从而导致凝胶体积发生变化。

单一组分温敏凝胶存在两种不同的相态:溶胀相和存在于液体中的收缩相。凝胶响应外界温度变化产生体积相转变时,表面微区和粗糙度亦发生可逆变化。凝胶表面粗糙度随温度的变化对应于宏观上的体积相转变。微区变化对温度可逆这一事实表明,这是本体相转变所引起的平衡相粗糙度的变化。

聚丙烯酸(PAAC)和聚 N,N-二甲基丙烯酰胺(PDMAAM)网络互穿形成的聚合物网络水凝胶,在低温时凝胶网络内形成氢键,体积收缩;高温时氢键解离,凝胶溶胀。网络中 PAAC 是氢键供体,PDMAAM 是氢键受体。这种配合物在 60℃ 以下水溶液中很稳定,但高于 60℃时配合物解离。

2. 电场响应凝胶

电场敏感凝胶主要有聚甲基丙烯酸甲酯、甲基丙烯酸、N,N-二甲氨基乙酯、甲基丙烯酸和二甲基丙烯酸的共聚物等。在缓冲液中,它们的溶胀速度可提高百倍以上。这是因为未电离的酸性缓冲剂增加了溶液中弱碱基团的质子化,从而加快了凝胶的离子化,而未电离的中性缓冲剂促进了氢离子在溶胀了的荷电凝胶中的传递速率。

聚[(环氧乙烷-共-环氧丙烷)星形嵌段-聚丙烯酰胺]交联聚丙烯酸互穿网络聚合物凝胶,在碱性溶液(Na_2CO_3 和 NaOH)中经非接触电极施加直流电场时,试样弯向负极(图 7-5),这与反离子的迁移有关。

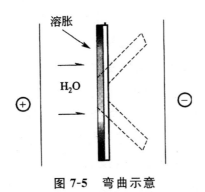

图 7-5　弯曲示意

　　电场下,电解质水凝胶的收缩现象是由水分子的电渗透效果引起的。外电场作用下,高分子链段上的离子由于被固定无法移动,而相对应的反离子可以在电场作用下泳动,附近的水分子也随之移动。到达电极附近后,反离子发生电化学反应变成中性,而水分子从凝胶中释放,使凝胶脱水收缩,如图 7-6 所示。

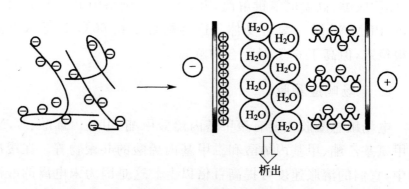

图 7-6　水凝胶收缩机理

　　水凝胶常在电场作用下因水解产生氢气和氧气,降低化学机械效率,并且由于气体的释放缩短了凝胶的使用期限。电荷转移络合物凝胶则没有这样的问题,但凝胶网络中需要含挥发性低的有机溶剂。聚-N-N-二甲基丙基丙烯酰胺(PDMA-PAA)作为电子给体,7,7,8,8-四氰基醌基二甲烷作为电子受体掺杂,溶于 N,N-二甲基甲酰胺中形成聚合物网络。这种凝胶体积膨胀,颜色改变。当施加电场后,凝胶在阴极处收缩,并扩展出去,在阳极处释放 DMF,整个过程没有气体放出。

　　另一大类电场敏感性凝胶是由电子导电型聚合物组成,大都具有共轭结构,导电性能可通过掺杂等手段得以提高。将聚(3-丁基噻吩)凝胶浸于 0.02 mol/L 的 Bu_4NClO_4(高氯酸四丁基铵)的四氢呋喃溶液中,施加 10V 电压,数秒后凝胶体积收缩至原来的 70%,颜色由橘黄色变成蓝色,没有气体放出。当施加-10V 电压后,凝胶开始膨胀,颜色恢复成橘黄色。红外及电流测试结果显示,聚噻吩链上的正电荷与 ClO_4^- 掺杂剂上的负电荷载库仑力作用下形成络合物。外加电场作用下,由于氧化还原反应和离子对的流入引起凝胶体积和颜色的变化。

3. 磁场响应凝胶

温敏性凝胶聚 N-正丙基丙烯酰胺(PNNPAAm)和聚 N-异丙基丙烯酰胺(PNIPAAm)在实验中确实表现出体积随压力的变化改变的性质。压敏性的根本原因是其相转变温度能随压力改变,并且在某些条件下,压力与温敏胶体积相转变温度还可以进行关联。

4. 聚合物基

聚苯胺、共轭聚合物聚吡咯等,或者由离子交换聚合物-金属复合材料制成"人工肌肉",是因为这些材料能在外界电场的作用下,能够制成具有收缩功能的人工肌肉等电致弯曲或伸缩薄膜。人工肌肉具有线性形变比高,但其产生的能量要比正常密度的人体肌肉大 3 个数量级,驱动电压低,被用来制作人工假肢;用于器官、细胞操作的小尺寸驱动材料的开发,还用于制造耗能低、质地轻的人工手臂的制造,传统的马达-齿轮机械系统也有被"人工肌肉"机械手聚合物所代替,用于太空探测器观测窗口的玻璃的清洗和岩石标本的采集。

7.3.5　未来材料

1. 信息传递功能高分子材料

科学技术的革命是其进步的基本条件,功能与智能高分子材料的研究与开发是信息科学与工程同材料科学与工程的学科交叉,并且融合了生命科学与生物工程技术而发展起来的新的分支学科。为了开发信息传递功能高分子和智能材料,使其具有软件功能,人们研究了材料不同层次的结构,见图 7-7。利用纳米空间来构思智能材料,使其性能优化,同时使构成物质性质的基本单位的分子、原子重新组合,开发并研制未来需要的各种功能高分子与智能材料,这其中信息传递材料也是热门的课题之一。

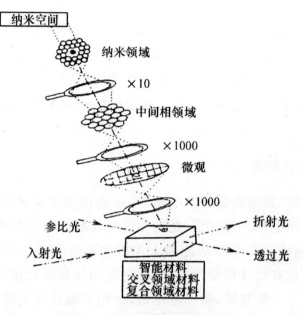

图 7-7　不同层次结构的材料

　　从高分子制品用途的多样性及功能开发的潜力很大来看,随着新材料的开发,高分子制品进入新商品领域仍有很大希望。只是与通用材料相比,应向着质量更高、附加价值更大和功能更多、性能更优异的方向发展。如:根据高分子链的记忆效应,开发研制蚀孔材料、大规模高密度储存材料等。通过信息的开发(如现代分析手段证实存在核碱的特定的微观环境)和应用新的合成技术,我们将能得到非常有用的人工合成的传递高级信息的大分子。20 世纪材料已从结构材料发展到了各种功能材料并提出智能材料和系统。21 世纪智能材料将得到进一步发展,以满足人们对材料的期望。未来材料从高分子材料开始的复合功能材料和智能材料设计见图 7-8。

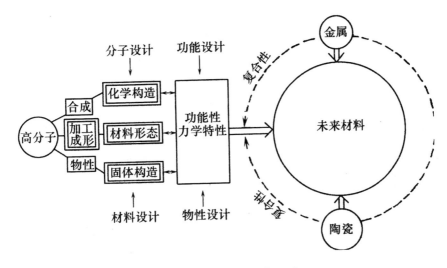

图 7-8　未来材料的设计

2. 智能超分子体

超分子(Supramolrcules)的"超"意味着超过原来的界限,超分子(化合物)是诺贝尔化学奖获得者 Lein 博士等针对冠醚和穴状配合物等分子识别功能化合物而提出的概念。

一般超分子(化合物)是较弱的原子间相互作用形成的分子装配体,其间无共价键合。超分子按来源分为天然超分子(生体超分子)和人工超分子(合成超分子)。超分子和生命现象密切相关,如遗传因子的复制、蛋白质合成、能量变换及酶反应等都涉及高度分子装配体的功能。基于冠醚、主客体化学、超分子化学的研究将促进纳米机械和分子工场变为现实。

随着配位化学的发展,以较弱原子间相互作用装配的一些超分子体系具有分子识别能力,由此产生了与分子信号的发生、处理、变换和检测相关的智能超分子体系。其信息输入器为外部刺激的感受器,它经信息传递器与向外部输出信息的信息输出器相连,由烷基偶氮吡啶和四氰代二甲基苯醌(TCNQ)配合物 APT(n-m)构成的组装体,以紫外光(UV)、可见光(VIS)交替照射时,其导电率发生规则变化。此组装体的输入器为偶氮苯部分,其开头和性质因吸收紫外光和可见光变化。导电的 TCNQ 为信息输出器。烷基为信息传递器,控制 APT 的烷 m-n 值则能调整此类组装体导电率的开关功能。由于光致分子的变形使分子间相互作用发生变化,此组装体响应特定波长,使光的导电率变化,这就是视觉细胞的模型。

此类组装是其组元在一定条件下自发进行的,形成具有一定功能的智能超分子结构。组元的自组装,不仅需要组元与配位键结合,更需要信息。上例中的输入信息为光,其组元中必须具有贮存处理的功能,如偶氮苯部分经光照而发生异构化,再经选择分子(烷基偶氮苯和 TCNQ)相互作用而转换。此类体系是程序分子[APT(m-n)]组装成的超分子组织的实例。

(1)分子组装

组装超分子的结构和功能与储存于组元中的分子信息及它所带有的活性基因有关。

分子取向通常是识别导向使互补的分子组元自动地组装成超分子,其中各个级有两种相同的识别部位。这两种单元的相互作用可在溶液、介晶相或晶态中共结晶生成组装的多分子。在后一种情况下,以识别为基础的结晶工程可设计有机固体的结构,此时相同类型的残留部分则排列于股的同一侧,自发地分成相似/不相似两种亚股,且分子组元在超分子排列中取向。

(2)分子自组装与材料的微细结构

生物学的进展揭示了自然界的自组装构筑的微结构。正是这种微结构赋予生物体某种功能,这样可利用生物分子的自组装技术以设计和制备自组装纳米级微结构,用于研究和开发灵巧复合材料。为此应寻求修饰分子结构的方法,使微结构优化满足特定应用要求。而且应研究与开发能使此类自组装纳米级微结构坚固并稳定的技术,还要解决价格和大规模生产的问题。

理论研究表明,由于手征性分子并不平等堆砌。每一分子与其最邻近分子呈某一角度堆砌,分子和分子间呈现螺旋状,使双层缠绕伸出平面形成细管。因而细管形成的推动力是双层的手征性;且细管的直径取决于手征性的大小,这关系到分子堆积时扭曲的大小。而细管的形成要求分子对双层有所倾斜。故细管直径可由手征性大小和分子倾斜调节。这里为化学家们提出了合成怎样的分子才能得到特定自组装结构的研究课题。

7.3.6　红外隐身材料

目前红外隐身材料大致可分为:热隐身涂料、低发射率薄膜、宽频谱兼容的热隐身材料等。

1. 红外隐身涂料

红外隐身涂料一般由胶黏剂和掺入的金属颜料、着色颜料或半导体颜料微粒组成。选择适当的胶黏剂是研制这种涂料的关键。作为热隐身材料的胶黏剂有热红外透明聚合物,导电聚合物和具有相应特性的无机胶黏剂。热红外透明聚合物具有较低的热红外吸收率和较好的物理力学性能,已成为热隐身涂料用胶黏剂研究的重点。胶黏剂通常采用烯基聚合物,丙烯酸和氨基甲酸乙酯等。从发展趋势看,最有可能实用化的胶黏剂是以聚乙烯为基本结构的改性聚合物。一种聚苯乙烯和聚烯烃的共聚物 Kraton 在热红外波段的吸收作用明显低于醇酸树脂和聚氨酯等传统的涂料胶黏剂。它的红外透明度随苯乙烯含量的减少而增加,在 $8\sim14\mu m$ 远红外波段,透明度可达 0.8,且对可见光隐身无不良影响,有希望成为实用红外隐身涂料的胶黏剂。此外,还有氯化聚丙烯,丁基橡胶也是热红外透明度较好的胶黏剂。一种高反射的导电聚合物或半导体聚合物将是较好的胶黏剂,因为它不仅是胶黏剂,而且自身还具有热隐身效果。

美国研制的一种发动机排气装置用热抑制涂层,它是用黑镍和黑铬氧化物喷涂在坦克发动机排气管上的。试验证明,它可大大降低车辆排气系统热辐射强度。此外,在坦克发动机内壁和一些金属部件上还可以采用等离子技术涂覆氧化锆隔热陶瓷涂层，以降低金属热壁的温度。

2. 红外隐身材料

(1)红外/激光隐身材料的设计原理

激光隐身要求材料具有低反射率,红外隐身的关键寻找低发射率材料。从复合隐身角度考虑,原激光隐身涂料在具有低反射率的同时,一般具有高的发射率,可用于红外迷彩设计时的高发射率材料部分。问题是如何使材料在具有对红外隐身的低发射率要求的同时,还具有对激光隐身的低反射率要求。

不透明物体,由能量守恒定律可知,在一定温度下,物体的吸收率 α 与反射率 R 之和为 1,即

$$\alpha(\lambda, T) + R(\lambda, T) = 1$$

根据热平衡理论,在平衡热辐射状态下,物体的发射率 ε 等于它的吸收率 α,即

$$\varepsilon(\lambda, T) = \alpha(\lambda, T)$$

涂料一般均为不透明的材料,对激光隐身涂料而言,要求反射率低,则发射率必高;对红外隐身而言,如要求发射率低,则反射率必高。二者相互矛盾。

对于同一波段的激光与红外隐身,如 $10.6\mu m$ 激光和 $8\sim14\mu m$ 红外复合隐身,可采用光谱挖孔等方法来实现;对于同一波段的激光与红外隐身不存在矛盾,如 $1.06\mu m$ 激光和 $8\sim14\mu m$ 红外复合隐身。如果材料具有如图 7-9 所示的理想 $R\text{-}\lambda$ 曲线或使某些材料经过掺杂改性以后具有如图 7-9 所示的 $R\text{-}\lambda$ 曲线,则均有可能解决 $1.06\mu m$ 激光隐身材料低反射率与 $8\sim14\mu m$ 波段红外隐身材料低发射率之间的矛盾,从而实现激光、红外隐身兼容。还必须了解等离子共振原理。

(2)等离子共振原理

某些杂质半导体具有图 7-10 所示的 $R\text{-}\lambda$ 曲线,并且可以控制,因为杂质半导体的反射率与光的波长有关。波长比较短时,

其反射率几乎不变,与载流子浓度无关,接近本征半导体的反射率。随着波长增加,反射率减小。在 λ_p 处出现极小点,此种现象被称为等离子共振。当波长超过 λ_p 时,反射率很快增加。等离子共振波长 λ_p 的位置与半导体中自由载流子浓度有关。

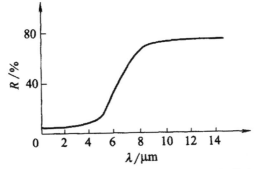

图 7-9　理想 1.06μm 激光和 8～14μm 红外复合
隐身材料的 *R-λ* 曲线

$$\lambda_p^2 = \frac{(2\pi C)^2 m^* \varepsilon}{Nq^2}$$

式中,C 为光速;m^* 为自由载流子有效质量;ε 为低频介电常数;N 为自由载流子浓度;q 为电子电荷。

　　改变掺杂浓度以控制自由载流子浓度,即可控制等离子共振波长,使杂质半导体的 *R-λ* 曲线与要求相一致。图 7-10 为 n 型 InSb 半导体材料的理论反射率曲线,由图可以看出,在 $\lambda = \lambda_p$ 处,反射率最小,之后迅速趋近于 1。自由载流子浓度不同,等离子共振波长 λ_p 也不同,随着自由载流子浓度的增大,等离子共振波长 λ_p 也不同,随着自由载流子浓度的增大,等离子共振波长 λ_p 向短波方向移动。因此,通过对半导体材料的掺杂研究,完全可以找到符合激光和红外隐身兼容的材料。

　　许多半导体在掺杂情况下,其等离子波长都在红外区域。如随着掺杂浓度的不同,锗的等离子波长为 8～10μm,硅的等离子波长为 3～5μm,掺锡的三氧化二铟等离子波长为 1～3μm 等。对于掺杂半导体,通过对掺锡氧化铟半导体的研究取得了很好的结果。

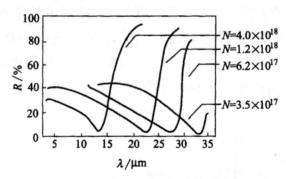

图 7-10   InSb 半导体材料的等离子反射

参考文献

[1] 肖飞.糖化温敏水凝胶的合成及其生物相容性研究[D].天津:天津大学,2008.

[2] 佘长锋.敏感智能纳米界面材料的构建及酶逻辑门的设计[D].江西:南昌大学,2012.

[3] 程冬炳,余响林,余训民.高吸水树脂在环境治理中的应用[J].武汉工程大学学报,2011(9).

[4] 鲁金芝.紫外光引发制备聚丙烯酸系/天然非金属矿物高吸水性复合材料[D].河北:河北工业大学,2007.

[5] 肖荔人,章文贡,唐洁渊,高锋.聚(苯乙烯-丙烯酸)-氯化铜配合物膜的合成及表征[J].2003(02).

[6]何英.高分子负载金属催化剂的制备及其应用研究[D].南京:南京理工大学,2012.

[7] 林松,张志斌,张琨,魏靖明.智能药物体系的应用及研究进展[J].2008(04).

[8] 罗情丹.丙烯酸系列高吸水树脂的合成与性能研究[D].青岛:中国海洋大学,2012.

[9] 马建标.功能高分子材料[M].2版.北京:化学工业出版社,2010.

[10] 陈玉安、王必本,廖其龙.现在功能材料[M].重庆:重庆大学出版社,2012.